Forschung und Studium

Eine Sammlung mathematischer Monographien für Studierende

herausgegeben von

Dr. Gerhard Kowalewski

o. Professor an der Deutschen technischen Hochschule zu Prag

Heft 1

Das Integral
und
seine geometrischen Anwendungen

von

Gerhard Kowalewski

Mit Figuren

Leipzig

Verlag von Veit & Comp.

1910

Forschung und Studium

Eine Sammlung mathematischer Monographien für Studierende

herausgegeben von

Dr. Gerhard Kowalewski

o. Professor an der Deutschen technischen Hochschule zu Prag

Heft 1

Das Integral

und

seine geometrischen Anwendungen

von

Gerhard Kowalewski

Mit Figuren

Leipzig

Verlag von Veit & Comp.

1910

Druck von Metzger & Wittig in Leipzig

Diese Sammlung will dazu beitragen, die große Kluft zwischen Forschung und Studium zu überbrücken.

Der Universitätsunterricht bringt, wenn man von ganz bedeutenden Forschungs- und Arbeitszentren wie z. B. Göttingen absieht, die Studierenden in der Regel nicht so weit, daß sie die Fortschritte der mathematischen Wissenschaft mit einigem Verständnis verfolgen können.

Und doch wäre es ein unschätzbarer Vorteil, wenn die Fortschritte auf dem Gebiete der Mathematik schneller und tiefer, als es jetzt geschieht, in das allgemeine mathematische Bewußtsein eindrängen.

Unsere Monographien wollen dem Studierenden das Verständnis des Neuen in jeder nur möglichen Weise erleichtern. Deshalb legen wir den größten Wert auf Klarheit und Einfachheit der Darstellung, sowie auf die sorgfältige Durchführung der einzelnen Beweise.

Das erste Heft bringt die moderne Behandlung der einfachen und der Doppelintegrale, und es wird darin z. B. die Transformation der Doppelintegrale in völlig strenger und doch ziemlich einfacher Weise erledigt. Daß dies möglich ist, haben die Arbeiten der neueren französischen Forscher (z. B. die von Baire) gezeigt.

Das nächste Heft wird sich mit dem Lebesgueschen Integral beschäftigen. Weitere Hefte sollen die quadratischen Formen mit unendlich vielen Veränderlichen, die Integralgleichungen, die Theorie von Fréchet, das Uniformisierungsproblem usw. zum Gegenstand haben.

Prag, Mai 1910.

Gerhard Kowalewski

Wir setzen die Theorie der Irrationalzahlen als bekannt voraus,[1] ebenso die geometrische Deutung der Zahlen, Zahlenpaare und Zahlentripel (die Grundlage der analytischen Geometrie). Es seien hier aber einige Definitionen und Sätze hervorgehoben, die im folgenden häufig zur Anwendung kommen.

1. Das Intervall $\langle a, b\rangle$ besteht aus allen Zahlen x, die den Bedingungen $a \leqq x \leqq b$ genügen. a und b sind die Grenzen von $\langle a, b\rangle$. Die Zahlen des Intervalls, die von den Grenzen verschieden sind, also den Ungleichungen $a < x < b$ genügen, bilden das Innere von $\langle a, b\rangle$.

Als eine Umgebung von x wird jedes Intervall bezeichnet, das x in seinem Inneren enthält.

2. Eine Zahlenfolge oder Folge entsteht, wenn man sich jedes Glied der unendlichen Nummernreihe 1, 2, 3, ... durch irgend eine (rationale oder irrationale) Zahl ersetzt denkt, also jedes n durch eine Zahl x_n.

Die Zahlenfolge heißt beschränkt, wenn alle ihre Glieder in einem Intervall $\langle a, b\rangle$ enthalten sind.

Fallen in jede Umgebung von h unendlich viele Glieder der Folge $x_1, x_2, x_3, \ldots$, so nennt man h einen Häufungswert von $x_1, x_2, x_3, \ldots$

Jede beschränkte Zahlenfolge hat wenigstens einen Häufungswert. Unter den Häufungswerten einer solchen Folge gibt es einen größten und einen kleinsten.

3. $\lim x_n = g$ bedeutet, daß in jeder Umgebung von g fast alle[2] Glieder der Folge $x_1, x_2, x_3, \ldots$ liegen. Man nennt die Folge konvergent und g ihren Grenzwert (oder auch den Grenzwert von x_n bei unendlich zunehmendem n). Man sagt auch, daß die Folge (oder x_n) nach g konvergiert.

Alle Teilfolgen[3] einer konvergenten Folge konvergieren nach demselben Grenzwert wie die ganze Folge.

---

[1] Vgl. meine „Grundzüge der Differential- und Integralrechnung" (Leipzig, Teubner).

[2] Fast alle = alle mit einer endlichen Anzahl Ausnahmen.

[3] Eine Teilfolge entsteht dadurch, daß man in der Folge gewisse Glieder unterdrückt. Z. B. sind $x_3, x_4, x_5, \ldots$ und $x_2, x_4, x_6, \ldots$ Teilfolgen von $x_1, x_2, x_3, \ldots$

Ist $\lim x_n = \lim y_n = g$, so konvergiert auch die Folge $x_1, y_1, x_2, y_2, \ldots$ nach g.

Wenn $x_n \leqq z_n \leqq y_n$ und $\lim x_n = \lim y_n = g$, so ist auch $\lim z_n = g$.

Jede konvergente Folge ist beschränkt und der Grenzwert ihr einziger Häufungswert. Umgekehrt ist jede beschränkte Folge mit nur einem Häufungswert konvergent und der Häufungswert ihr Grenzwert. Konvergente Folgen und beschränkte Folgen mit einem einzigen Häufungswert sind ein und dasselbe.

$x_1, x_2, x_3, \ldots$ heißt monoton, wenn $x_1 \leqq x_2 \leqq x_3 \leqq \ldots$ (oder $x_1 \geqq x_2 \geqq x_3 \geqq \ldots$). Eine monotone Folge ist dann und nur dann konvergent, wenn sie beschränkt ist. Sie kann nämlich nicht mehr als einen Häufungswert haben. Ist $\lim x_n = g$ und $x_1, x_2, x_3, \ldots$ monoton, so wird g von keinem x_n übertroffen (untertroffen).

Man hat

$$\lim |x_n| = |\lim x_n|,$$

$$\lim (x_n + y_n) = \lim x_n + \lim y_n,$$

$$\lim (x_n y_n) = \lim x_n \lim y_n,$$

$$\lim \frac{1}{z_n} = \frac{1}{\lim z_n},$$

vorausgesetzt, daß $\lim x_n$, $\lim y_n$, $\lim z_n$ existieren und $\lim z_n \neq 0$ ist.

Aus $x_n < y_n$ folgt $\lim x_n \leqq \lim y_n$, falls $\lim x_n$, $\lim y_n$ existieren.

Wenn h ein Häufungswert der Folge $x_1, x_2, x_3, \ldots$ ist, so läßt sich aus ihr eine Teilfolge $x_1', x_2', x_3', \ldots$ herausheben, die nach h konvergiert ($\lim x_n' = h$).

4. Konvergenzkriterium. Die Folge $x_1, x_2, x_3, \ldots$ ist dann und nur dann konvergent, wenn **jede** Teilfolge $x_1', x_2', x_3', \ldots$ die Relation

$$\lim (x_n - x_n') = 0$$

erfüllt.

Daß die Bedingung notwendig ist, ergibt sich aus Nr. 3. Um zu erkennen, daß sie auch hinreichend ist, zeigt man zunächst, daß die Folge $x_1, x_2, x_3, \ldots$ beschränkt ist. Wäre sie es nicht, so gäbe es zu jedem x_ν unendlich viele x_μ, die von ihm z. B. um mehr als 1 abweichen. Die Teilfolge $x_1', x_2', x_3', \ldots$ ließe sich dann so einrichten, daß immer $|x_n - x_n'| > 1$ ist. Das widerspräche aber der Voraussetzung $\lim (x_n - x_n') = 0$. Demnach ist $x_1, x_2, x_3, \ldots$ beschränkt und hat wenigstens einen Häufungswert h. Wählt man nun die Teilfolge $x_1', x_2', x_3', \ldots$ derart, daß $\lim x_n' = h$ ist, so folgt aus $\lim (x_n - x_n') = 0$ und $\lim x_n' = h$ sofort $\lim x_n = h$.

Erstes Kapitel.

Das einfache Integral.

§ 1. Stetige Funktionen.

Ist jeder Zahl x in $\langle a, b\rangle$ eine Zahl $f(x)$ zugeordnet, so sagt man, es ist in $\langle a, b\rangle$ eine Funktion $f(x)$ definiert.

Wir können die Zahlenpaare $x, f(x)$ als cartesische Punktkoordinaten in einer Ebene betrachten. Dann erhalten wir die Bildkurve von $f(x)$.

$f(x)$ heißt an der Stelle x_0 stetig, wenn aus

$$\lim x_n = x_0$$

immer folgt

$$\lim f(x_n) = f(x_0).$$

Dabei wird natürlich vorausgesetzt, daß die Glieder der Folge $x_1, x_2, x_3, \ldots$ alle in $\langle a, b\rangle$ liegen.

Die Aussage „$f(x)$ ist in dem Intervall $\langle a, b\rangle$ stetig" bedeutet, daß $f(x)$ an jeder Stelle in $\langle a, b\rangle$ stetig ist.

Wir beweisen jetzt folgenden Satz:

Satz 1. Wenn die Funktion $f(x)$ in $\langle a, b\rangle$ stetig ist, so gibt es unter ihren Werten einen größten und einen kleinsten (Satz von WEIERSTRASS).

Wir wollen ein in $\langle a, b\rangle$ enthaltenes Intervall $\langle \alpha, \beta\rangle$ einen ausgezeichneten Teil von $\langle a, b\rangle$ nennen, wenn es in $\langle \alpha, \beta\rangle$ wenigstens ebenso große Funktionswerte gibt wie in $\langle a, b\rangle$, wenn also zu jedem Funktionswert in $\langle a, b\rangle$ ein mindestens ebenso großer in $\langle \alpha, \beta\rangle$ vorhanden ist. Teilt man $\langle a, b\rangle$ mit Hilfe von $c = \frac{1}{2}(a + b)$ in $\langle a, c\rangle$ und $\langle c, b\rangle$, so ist wenigstens eins der beiden Intervalle $\langle a, c\rangle$, $\langle c, b\rangle$ ein ausgezeichneter Teil von $\langle a, b\rangle$. Sonst gäbe es nämlich in $\langle a, b\rangle$ einen Funktionswert $f(x_1)$, der alle Funktionswerte in $\langle a, c\rangle$ übertrifft, und einen Funktionswert $f(x_2)$, der alle Funktionswerte in $\langle c, b\rangle$ übertrifft. Einer der beiden Funktionswerte $f(x_1)$, $f(x_2)$ müßte dann alle Funktionswerte in $\langle a, b\rangle$ übertreffen, also auch sich selbst.

In $\langle a, b\rangle$ gibt es also eine ausgezeichnete Hälfte $\langle a_1, b_1\rangle$, in $\langle a_1, b_1\rangle$ aber aus demselben Grunde eine ausgezeichnete Hälfte $\langle a_2, b_2\rangle$ usw. Die Folge $a, a_1, a_2, \ldots$ ist aufsteigend, die Folge $b, b_1, b_2, \ldots$ absteigend und beide sind beschränkt. Nach S. 2 existieren also die Grenzwerte

$$\lim a_n, \lim b_n.$$

Da

$$\lim (b_n - a_n) = \lim \frac{b - a}{2^n} = 0,$$

so ist

$$\lim a_n = \lim b_n.$$

Nennen wir diesen gemeinsamen Grenzwert x_0, so ist leicht zu zeigen, daß $f(x_0)$ von keinem Funktionswert in $\langle a, b\rangle$ übertroffen wird.

Nehmen wir in $\langle a, b\rangle$ irgend einen Funktionswert $f(x)$. In $\langle a_1, b_1\rangle$ gibt es wenigstens ebenso große Funktionswerte wie in $\langle a, b\rangle$. Es läßt sich also x_1 in $\langle a_1, b_1\rangle$ so wählen, daß $f(x_1) \geqq f(x)$ ist. In $\langle a_2, b_2\rangle$ gibt es wenigstens ebenso große Funktionswerte wie in $\langle a_1, b_1\rangle$. Es läßt sich also x_2 in $\langle a_2, b_2\rangle$ so wählen, daß $f(x_2) \geqq f(x_1)$ ist. So geht es weiter. Man gewinnt eine aufsteigende Folge

$$f(x),\ f(x_1),\ f(x_2),\ \ldots,$$

wobei x_n in $\langle a_n, b_n\rangle$ liegt, so daß

$$\lim x_n = x_0$$

ist. Wegen der Stetigkeit hat man

$$\lim f(x_n) = f(x_0).$$

Es ergibt sich also, da der Grenzwert einer aufsteigenden Folge von keinem Glied der Folge übertroffen wird,

$$f(x_0) \geqq f(x).$$

Wendet man die obige Betrachtung auf die stetige Funktion $-f(x)$ an, so gelangt man zu dem kleinsten Wert von $f(x)$.

Eine wichtige Eigenschaft der stetigen Funktionen ist die folgende:

Satz 2. Wenn $f(x)$ in $\langle a, b\rangle$ stetig ist, so folgt aus

$$\lim (x_n - y_n) = 0$$

immer

$$\lim \{f(x_n) - f(y_n)\} = 0.$$

Die beiden Folgen $x_1, x_2, x_3, \ldots$ und $y_1, y_2, y_3, \ldots$ liegen natürlich in $\langle a, b\rangle$.

Nach Satz 1 ist die Folge $f(x_1) - f(y_1),\ f(x_2) - f(y_2), \ldots$ beschränkt. H sei ein Häufungswert dieser Folge. Dann gibt es eine Teilfolge $f(x_1') - f(y_1'),\ f(x_2') - f(y_2'), \ldots$, die nach H konvergiert. $\mathfrak{x}_1, \mathfrak{x}_2, \mathfrak{x}_3, \ldots$ sei eine konvergente Teilfolge von $x_1', x_2', x_3', \ldots$ und $\mathfrak{x}$ ihr Grenzwert, $\mathfrak{y}_1, \mathfrak{y}_2, \mathfrak{y}_3, \ldots$ die entsprechende Teilfolge von $y_1', y_2', y_3', \ldots$ Dann ist wegen $\lim (x_n - y_n) = 0$

$$\lim \mathfrak{x}_n = \lim \mathfrak{y}_n = \mathfrak{x},$$

und wegen der Stetigkeit von $f(x)$

$$\lim f(\mathfrak{x}_n) = \lim f(\mathfrak{y}_n) = f(\mathfrak{x}),$$

mithin

$$\lim \{f(\mathfrak{x}_n) - f(\mathfrak{y}_n)\} = H = 0.$$

Die beschränkte Folge $f(x_1) - f(y_1),\ f(x_2) - f(y_2), \ldots$ hat also nur den Häufungswert Null, d. h. sie konvergiert nach Null.

Man kann den Beweis auch ohne Zuhilfenahme von Satz 1 führen. Wäre nicht $\lim \{f(x_n) - f(y_n)\} = 0$, so ließe sich um 0 eine Umgebung

$\langle -\varepsilon, \varepsilon \rangle$ konstruieren, die nicht fast alle Glieder der Folge enthält. Unendlich viele $f(x_n) - f(y_n)$, etwa $f(x_1') - f(y_1')$, $f(x_2') - f(y_2')$, ... wären also ihrem Betrage nach größer als ε. Man hätte dann, wenn $\mathfrak{x}_1, \mathfrak{x}_2, \mathfrak{x}_3, \ldots$ und $\mathfrak{y}_1, \mathfrak{y}_2, \mathfrak{y}_3, \ldots$ dasselbe bedeuten wie vorhin,

$$\lim \{f(\mathfrak{x}_n) - f(\mathfrak{y}_n)\} = 0 \quad \text{und zugleich} \quad |f(\mathfrak{x}_n) - f(\mathfrak{y}_n)| > \varepsilon .$$

Darin liegt aber ein Widerspruch.

Satz 3. Wenn $f(x)$ in $\langle a, b \rangle$ stetig und $f(a) \gtreqless f(b)$ ist, so wird jeder Wert G, der zwischen $f(a)$ und $f(b)$ liegt, von $f(x)$ in $\langle a, b \rangle$ angenommen (Satz von BOLZANO).

Es sei z. B. $f(a) < G < f(b)$. Möglicherweise ist

$$f\left(\frac{a+b}{2}\right) = G .$$

Damit wäre der Satz bewiesen. Wenn $f\left(\frac{a+b}{2}\right)$ größer oder kleiner als G ist, so setze man $a_1 = a$, $b_1 = \frac{a+b}{2}$ bzw. $a_1 = \frac{a+b}{2}$, $b_1 = b$. Dann ist $f(a_1) < G < f(b_1)$. $\langle a_1, b_1 \rangle$ zeigt also dasselbe Verhalten wie $\langle a, b \rangle$. Wenn nicht

$$f\left(\frac{a_1+b_1}{2}\right) = G$$

ist, so gibt es in $\langle a_1, b_1 \rangle$ eine Hälfte $\langle a_2, b_2 \rangle$, so daß $f(a_2) < G < f(b_2)$.

Sobald man durch Fortsetzung dieses Verfahrens zu der Gleichung $f\left(\frac{a_n+b_n}{2}\right) = G$ gelangt, bricht es ab. Dann ist aber auch der Satz bewiesen. Tritt ein solcher Abschluß des Verfahrens nicht ein, so haben a_n und b_n einen gemeinsamen Grenzwert g und wegen der Stetigkeit ist

$$\lim f(a_n) = f(g) \quad \text{und} \quad \lim f(b_n) = f(g).$$

Aus

$$f(a_n) < G < f(b_n)$$

folgt aber (vgl. S. 2)

$$\lim f(a_n) \leqq G \leqq \lim f(b_n),$$

d. h. $f(g) \leqq G \leqq f(g)$, also

$$f(g) = G.$$

Folgerung. Die stetige Funktion $f(x)$ nimmt in $\langle a, b \rangle$ alle Werte an, die in $\langle m, M \rangle$ liegen. m bezeichnet den kleinsten und M den größten Wert von $f(x)$ in $\langle a, b \rangle$.

§ 2. Integral einer stetigen Funktion.

Wenn

$$a < x_1 < x_2 < \ldots < x_{p-1} < b$$

ist, so nennen wir

$$\langle a, x_1 \rangle, \langle x_1, x_2 \rangle, \ldots, \langle x_{p-1}, b \rangle$$

eine Zerlegung von $\langle a, b \rangle$ in p Teilintervalle und benutzen dafür die Bezeichnung $\mathfrak{Z}$. Geometrisch bedeutet $\mathfrak{Z}$ die Zerlegung einer Strecke in p Teilstrecken.

Jetzt sei $f(x)$ eine in $\langle a, b \rangle$ definierte Funktion und ξ_1 ein Wert aus $\langle a, x_1 \rangle$, ξ_2 ein Wert aus $\langle x_1, x_2 \rangle$, ..., ξ_p ein Wert aus $\langle x_{p-1}, b \rangle$. Dann soll der Ausdruck

$$\mathfrak{S}(\mathfrak{Z}) = (x_1 - a) f(\xi_1) + (x_2 - x_1) f(\xi_2) + \ldots + (b - x_{p-1}) f(\xi_p)$$

eine zu $\mathfrak{Z}$ gehörige Summe von $f(x)$ heißen. Geometrisch bedeutet $\mathfrak{S}(\mathfrak{Z})$ eine Summe von Rechtecken, die über den einzelnen Teilstrecken von $\langle a, b \rangle$ konstruiert sind. Die Höhe ist jedesmal eine Ordinate, die auf der betreffenden Teilstrecke vorkommt. Die Rechtecke werden positiv oder negativ gerechnet, je nachdem sie auf der positiven oder negativen Seite der x-Achse liegen. In Fig. 1 sind die negativen Rechtecke schraffiert.

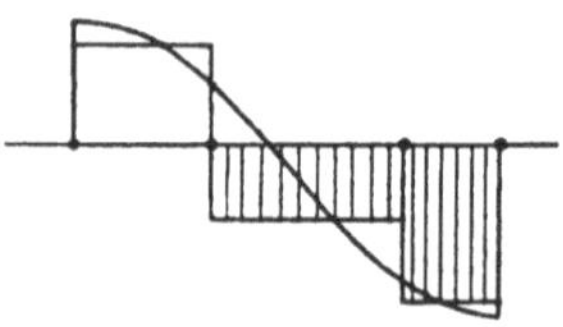

Fig. 1.

$\mathfrak{Z}$ und $\mathfrak{Z}'$ seien zwei verschiedene Zerlegungen von $\langle a, b \rangle$. Fügt man zu $\mathfrak{Z}$ die Teilpunkte von $\mathfrak{Z}'$ (oder zu $\mathfrak{Z}'$ die von $\mathfrak{Z}$) hinzu, so entsteht eine neue Zerlegung $\overline{\mathfrak{Z}}$. $\mathfrak{S}(\mathfrak{Z})$, $\mathfrak{S}(\mathfrak{Z}')$, $\mathfrak{S}(\overline{\mathfrak{Z}})$ seien Summen von $f(x)$, die zu $\mathfrak{Z}$, $\mathfrak{Z}'$, $\overline{\mathfrak{Z}}$ gehören.

Beim Übergange von $\mathfrak{S}(\mathfrak{Z})$ zu $\mathfrak{S}(\overline{\mathfrak{Z}})$ wird jedes Glied

$$(\beta - \alpha) f(\gamma)$$

von $\mathfrak{S}(\mathfrak{Z})$ durch einen Ausdruck von der Form

$$(\alpha_1 - \alpha) f(\delta_1) + \ldots + (\beta - \alpha_{q-1}) f(\delta_q)$$

ersetzt ($\alpha < \alpha_1 < \ldots < \alpha_{q-1} < \beta$). Dadurch entsteht die Differenz

$$(\alpha_1 - \alpha)\{f(\gamma) - f(\delta_1)\} + \ldots + (\beta - \alpha_{q-1})\{f(\gamma) - f(\delta_q)\}.$$

Nun sei

$$|f(\gamma) - f(\delta)|$$

der größte unter den Beträgen

$$|f(\gamma) - f(\delta_1)|, \quad |f(\gamma) - f(\delta_2)|, \quad \ldots, \quad |f(\gamma) - f(\delta_q)|.$$

Dann ist die genannte Differenz kleiner als

$$(\beta - \alpha)|f(\gamma) - f(\delta)|$$

und

$$|\mathfrak{S}(\mathfrak{Z}) - \mathfrak{S}(\overline{\mathfrak{Z}})| < \sum (\beta - \alpha)|f(\gamma) - f(\delta)|.$$

Bezeichnen wir mit

$$f(x) - f(\mathfrak{x})$$

den größten unter den Beträgen $|f(\gamma) - f(\delta)|$, so können wir schreiben

$$|\mathfrak{S}(\mathfrak{Z}) - \mathfrak{S}(\overline{\mathfrak{Z}})| < (b - a)\{f(x) - f(\mathfrak{x})\}.$$

x, $\mathfrak{x}$ liegen beide in demselben Teilintervall von $\mathfrak{Z}$.

Ebenso ist

$$|\mathfrak{S}(\mathfrak{Z}') - \mathfrak{S}(\bar{\mathfrak{Z}})| < (b-a)\{f(x') - f(z')\}$$

und x', z' liegen in demselben Teilintervall von $\mathfrak{Z}'$.

Aus beiden Ungleichungen können wir schließen:

(*) $$|\mathfrak{S}(\mathfrak{Z}) - \mathfrak{S}(\mathfrak{Z}')| < (b-a)\{f(x) - f(z) + f(x') - f(z')\}.$$

Wir wollen jetzt eine Folge von Summen der Funktion $f(x)$ betrachten:

$$\mathfrak{S}(\mathfrak{Z}_1),\ \mathfrak{S}(\mathfrak{Z}_2),\ \mathfrak{S}(\mathfrak{Z}_3),\ \ldots$$

ε_n sei das Maximalintervall von $\mathfrak{Z}_n$, d. h. kein Teilintervall von $\mathfrak{Z}_n$ sei größer als ε_n und wenigstens eins gleich ε_n. Wenn

$$\lim \varepsilon_n = 0$$

ist, nennen wir $\mathfrak{S}(\mathfrak{Z}_1)$, $\mathfrak{S}(\mathfrak{Z}_2)$, $\mathfrak{S}(\mathfrak{Z}_3)$, ... eine ausgezeichnete Summenfolge.[1] Um zu erkennen, daß es solche Folgen gibt, braucht man nur unter $\mathfrak{Z}_n$ die Zerlegung von $\langle a, b\rangle$ in n gleiche Teile zu verstehen.

Es gilt nun der folgende Satz:

Wenn $f(x)$ in $\langle a, b\rangle$ stetig ist, so sind alle ausgezeichneten Summenfolgen konvergent.

Wir können dies mit Hilfe des auf S. 2 angegebenen Konvergenzkriteriums beweisen.

$\mathfrak{S}(\mathfrak{Z}_1)$, $\mathfrak{S}(\mathfrak{Z}_2)$, $\mathfrak{S}(\mathfrak{Z}_3)$, ... und $\mathfrak{S}(\mathfrak{Z}_1')$, $\mathfrak{S}(\mathfrak{Z}_2')$, $\mathfrak{S}(\mathfrak{Z}_3')$, ... seien zwei ausgezeichnete Summenfolgen, ε_n und ε_n' die Maximalintervalle von $\mathfrak{Z}_n$ bzw. $\mathfrak{Z}_n'$. Dann ist nach (*)

$$|\mathfrak{S}(\mathfrak{Z}_n) - \mathfrak{S}(\mathfrak{Z}_n')| < (b-a)\{f(x_n) - f(z_n) + f(x_n') - f(z_n')\}.$$

x_n, z_n liegen in demselben Teilintervall von $\mathfrak{Z}_n$ und x_n', z_n' in demselben Teilintervall von $\mathfrak{Z}_n'$, so daß die Ungleichungen

$$|x_n - z_n| \leqq \varepsilon_n, \quad |x_n' - z_n'| \leqq \varepsilon_n'$$

gelten. Aus ihnen folgt

$$\lim (x_n - z_n) = 0, \quad \lim (x_n' - z_n') = 0.$$

Dann ist aber nach Satz 2 in § 1

$$\lim \{f(x_n) - f(z_n)\} = 0, \quad \lim \{f(x_n') - f(z_n')\} = 0,$$

mithin

(**) $$\lim \{\mathfrak{S}(\mathfrak{Z}_n) - \mathfrak{S}(\mathfrak{Z}_n')\} = 0.$$

Da jede Teilfolge einer ausgezeichneten Summenfolge offenbar wieder eine solche ist, so dürfen wir in (**) $\mathfrak{S}(\mathfrak{Z}_1')$, $\mathfrak{S}(\mathfrak{Z}_2')$, $\mathfrak{S}(\mathfrak{Z}_3')$, ... durch jede beliebige Teilfolge von $\mathfrak{S}(\mathfrak{Z}_1)$, $\mathfrak{S}(\mathfrak{Z}_2)$, $\mathfrak{S}(\mathfrak{Z}_3)$, ... ersetzen. Erinnern wir uns nun an das Konvergenzkriterium auf S. 2, so erkennen wir, daß

---

[1] $\mathfrak{Z}_1$, $\mathfrak{Z}_2$, $\mathfrak{Z}_3$, ... heiße eine ausgezeichnete Zerlegungsfolge.

die ausgezeichnete Summenfolge $\mathfrak{S}(\mathfrak{Z}_1)$, $\mathfrak{S}(\mathfrak{Z}_2)$, $\mathfrak{S}(\mathfrak{Z}_3)$, ... konvergent ist. Damit ist unser Satz bewiesen.

Denken wir uns jetzt wieder unter $\mathfrak{S}(\mathfrak{Z}_1')$, $\mathfrak{S}(\mathfrak{Z}_2')$, $\mathfrak{S}(\mathfrak{Z}_3')$, ... eine beliebige ausgezeichnete Summenfolge, nicht mehr eine Teilfolge von $\mathfrak{S}(\mathfrak{Z}_1)$, $\mathfrak{S}(\mathfrak{Z}_2)$, $\mathfrak{S}(\mathfrak{Z}_3)$, ... wie soeben, dann ersehen wir aus (**), daß alle ausgezeichneten Summenfolgen einem und demselben Grenzwert zustreben.

Diesen Grenzwert bezeichnet man mit

$$\int_a^b f(x)\,dx$$

und nennt ihn das von a bis b genommene (oder erstreckte) Integral der Funktion $f(x)$.

§ 3. Anderer Existenzbeweis des Integrals einer stetigen Funktion.

Man kann den in § 2 gegebenen Beweis auch ohne Benutzung des allgemeinen Konvergenzkriteriums auf S. 2 führen. Man kommt schon mit dem Satz aus, daß eine beschränkte monotone Zahlenfolge stets konvergent ist.

$\mathfrak{Z}_n$ bedeute die Zerlegung von $\langle a, b\rangle$ in 2^n gleiche Teile. In jedem Teilintervall $\langle \alpha, \beta\rangle$ suche man den größten Funktionswert $M(\alpha, \beta)$ heraus (vgl. Satz 1 in § 1) und bilde die Summe

$$\mathfrak{S}(\mathfrak{Z}_n) = \sum (\beta - \alpha)\, M(\alpha, \beta).$$

Beim Übergange von $\mathfrak{S}(\mathfrak{Z}_n)$ zu $\mathfrak{S}(\mathfrak{Z}_{n+1})$ wird jedes Glied $(\beta - \alpha)\, M(\alpha, \beta)$ durch eine Summe zweier Glieder ersetzt

$$(\gamma - \alpha)\, M(\alpha, \gamma) + (\beta - \gamma)\, M(\gamma, \beta). \qquad \left(\gamma = \frac{\alpha + \beta}{2}\right)$$

$M(\alpha, \gamma)$, $M(\gamma, \beta)$ sind die größten Werte von $f(x)$ in $\langle \alpha, \gamma\rangle$ bzw. $\langle \gamma, \beta\rangle$. Infolgedessen hat man

$$M(\alpha, \gamma) \leqq M(\alpha, \beta),$$
$$M(\gamma, \beta) \leqq M(\alpha, \beta)$$

und

$$(\gamma - \alpha)\, M(\alpha, \gamma) + (\beta - \gamma)\, M(\gamma, \beta) \leqq (\gamma - \alpha)\, M(\alpha, \beta) + (\beta - \gamma)\, M(\alpha, \beta)$$
$$= (\beta - \alpha)\, M(\alpha, \beta).$$

Daraus ersieht man, daß

$$\mathfrak{S}(\mathfrak{Z}_{n+1}) \leqq \mathfrak{S}(\mathfrak{Z}_n)$$

ist. $\mathfrak{S}(\mathfrak{Z}_1)$, $\mathfrak{S}(\mathfrak{Z}_2)$, $\mathfrak{S}(\mathfrak{Z}_3)$, ... ist also eine absteigende Zahlenfolge.

Verstehen wir unter $m(a, b)$ den kleinsten Wert von $f(x)$ in $\langle a, b\rangle$, so ist

$$M(\alpha, \beta) \geqq m(a, b)$$

und

$$\mathfrak{S}(\mathfrak{Z}_n) = \sum(\beta - \alpha) M(\alpha, \beta) \geqq \sum(\beta - \alpha) m(a, b) = (b - a) m(a, b).$$

Die Folge $\mathfrak{S}(\mathfrak{Z}_1), \mathfrak{S}(\mathfrak{Z}_2), \mathfrak{S}(\mathfrak{Z}_3), \ldots$ ist somit beschränkt. Daher existiert $\lim \mathfrak{S}(\mathfrak{Z}_n)$.

Nimmt man nun irgend eine andere ausgezeichnete Summenfolge $\mathfrak{S}(\mathfrak{Z}_1'), \mathfrak{S}(\mathfrak{Z}_2'), \mathfrak{S}(\mathfrak{Z}_3'), \ldots$, so ist nach (**) in § 2

$$\lim \{\mathfrak{S}(\mathfrak{Z}_n') - \mathfrak{S}(\mathfrak{Z}_n)\} = 0,$$

folglich

$$\lim \mathfrak{S}(\mathfrak{Z}_n') = \lim \mathfrak{S}(\mathfrak{Z}_n).$$

§ 4. Der Zerlegungssatz für Integrale stetiger Funktionen.

Es sei $a < c < b$ und $\mathfrak{Z}_1, \mathfrak{Z}_2, \mathfrak{Z}_3, \ldots$ eine ausgezeichnete Folge von Zerlegungen des Intervalls $\langle a, b\rangle$. Fügen wir bei jedem $\mathfrak{Z}_n$, wo der Teilpunkt c nicht vorkommt, diesen Teilpunkt hinzu, so entsteht eine Folge $\bar{\mathfrak{Z}}_1, \bar{\mathfrak{Z}}_2, \bar{\mathfrak{Z}}_3, \ldots$, die ebenfalls eine ausgezeichnete ist. $\mathfrak{S}(\bar{\mathfrak{Z}}_n)$ sei eine zu $\bar{\mathfrak{Z}}_n$ gehörige Summe von $f(x)$. Sie zerlegt sich in zwei Bestandteile:

$$\mathfrak{S}(\bar{\mathfrak{Z}}_n) = \mathfrak{S}(\mathfrak{Z}_n') + \mathfrak{S}(\mathfrak{Z}_n''):$$

$\mathfrak{Z}_n'$ ist eine Zerlegung von $\langle a, c\rangle$ und $\mathfrak{Z}_n''$ eine Zerlegung von $\langle c, b\rangle$, $\mathfrak{S}(\mathfrak{Z}_n'), \mathfrak{S}(\mathfrak{Z}_n'')$ sind also Summen, die sich auf die Intervalle $\langle a, c\rangle$ bzw. $\langle c, b\rangle$ beziehen. Nun ist aber

$$\lim \mathfrak{S}(\mathfrak{Z}_n') = \int_a^c f(x)\,dx,$$

$$\lim \mathfrak{S}(\mathfrak{Z}_n'') = \int_c^b f(x)\,dx,$$

$$\lim \mathfrak{S}(\bar{\mathfrak{Z}}_n) = \int_a^b f(x)\,dx.$$

Es folgt somit:

$$\int_a^b f(x)\,dx = \int_a^c f(x)\,dx + \int_c^b f(x)\,dx.$$

Durch wiederholte Anwendung dieser Formel ergibt sich der allgemeine Zerlegungssatz

$$\int_a^b f(x)\,dx = \int_a^{x_1} f(x)\,dx + \int_{x_1}^{x_2} f(x)\,dx + \ldots + \int_{x_{p-1}}^{b} f(x)\,dx.$$

Dabei ist $a < x_1 < \ldots < x_{p-1} < b$.

Machen wir die Festsetzung, daß immer

$$\int_{\beta}^{\alpha} f(x)\,dx = -\int_{\alpha}^{\beta} f(x)\,dx$$

sein soll, also insbesondere

$$\int_{\alpha}^{\alpha} f(x)\,dx = 0,$$

so läßt sich leicht folgendes zeigen:

Wenn $f(x)$ in $\langle a, b\rangle$ stetig ist und $x_0, x_1, \ldots, x_p$ beliebige Werte aus $\langle a, b\rangle$ sind, so gilt immer die Gleichung:

$$\int_{x_0}^{x_1} f(x)\,dx + \int_{x_1}^{x_2} f(x)\,dx + \ldots + \int_{x_{p-1}}^{x_p} f(x)\,dx + \int_{x_p}^{x_0} f(x)\,dx = 0.$$

§ 5. Die Funktion $\int_a^x f(x)\,dx$.

Wir wollen die Summe

$$\mathfrak{S}(\mathfrak{Z}) = (x_1 - a) f(\xi_1) + (x_2 - x_1) f(\xi_2) + \ldots + (b - x_{p-1}) f(\xi_p)$$

zwischen zwei Grenzen einschließen.

Wenn wir $a < b$ annehmen und mit $f(\xi')$ den kleinsten, mit $f(\xi'')$ den größten Wert von $f(x)$ in $\langle a, b\rangle$ bezeichnen,[1] so ist

$$(b-a) f(\xi') \leqq \mathfrak{S}(\mathfrak{Z}) \leqq (b-a) f(\xi''),$$

mithin auch

$$(b-a) f(\xi') \leqq \int_a^b f(x)\,dx \leqq (b-a) f(\xi'')$$

oder

$$f(\xi') \leqq \frac{1}{b-a}\int_a^b f(x)\,dx \leqq f(\xi'').$$

Aus § 1 können wir entnehmen, daß in $\langle a, b\rangle$ eine Stelle ξ existiert, so daß

$$\frac{1}{b-a}\int_a^b f(x)\,dx = f(\xi)$$

wird, d. h.

$$\int_a^b f(x)\,dx = (b-a) f(\xi)$$

---

[1] $f(x)$ ist in $\langle a, b\rangle$ stetig wie bisher.

oder auch

$$\int_b^a f(x)\,dx = (a-b)\,f(\xi)\,.$$

Nun seien x, $x+h$ zwei verschiedene Werte aus $\langle a, b\rangle$, also $h \lessgtr 0$. Dann ist nach § 4

$$\int_a^{x+h} f(x)\,dx = \int_a^x f(x)\,dx + \int_x^{x+h} f(x)\,dx\,,$$

also

$$\int_a^{x+h} f(x)\,dx - \int_a^x f(x)\,dx = h\,f(x+\vartheta h)\,. \qquad (0 \leqq \vartheta \leqq 1)$$

Die Funktion

$$F(x) = \int_a^x f(x)\,dx \qquad (a \leqq x \leqq b)$$

hat hiernach die Eigenschaft, daß

$$\frac{F(x+h)-F(x)}{h} = f(x+\vartheta h)$$

ist $(0 \leqq \vartheta \leqq 1)$. Lassen wir h nach Null konvergieren, so wird

$$\lim\,(x+\vartheta h) = x,$$

also wegen der Stetigkeit von $f(x)$

$$\lim f(x+\vartheta h) = f(x),$$

mithin

$$\lim \frac{F(x+h)-F(x)}{h} = f(x).$$

In der Sprache der Differentialrechnung bedeutet dies, daß $F(x)$ in $\langle a, b\rangle$ überall eine Ableitung hat und daß diese Ableitung gleich $f(x)$ ist. In Formeln:

$$F'(x) = f(x).$$

Wir sehen also, daß es zu jeder stetigen Funktion $f(x)$ eine Stammfunktion $F(x)$ gibt, d. h. eine Funktion, deren Ableitung gleich $f(x)$ ist. Mit $F(x)$ ist auch $F(x)+C$ eine Stammfunktion von $f(x)$, wobei C eine beliebige Konstante bedeutet. Damit sind aber auch alle Stammfunktionen von $f(x)$ erschöpft. Man beweist nämlich in der Differentialrechnung, daß eine Funktion mit der Ableitung Null eine Konstante ist. Haben aber $F(x)$ und $G(x)$ beide die Ableitung $f(x)$, so hat $G(x)-F(x)$ die Ableitung Null. Es ist also $G(x) = F(x) + C$.

§ 6. Der Riemannsche Integralbegriff.

Auch wenn $f(x)$ in $\langle a, b\rangle$ nicht überall stetig ist, können wir ausgezeichnete Summenfolgen im Sinne von § 2 bilden.

Riemann[1] nennt $f(x)$ in $\langle a, b\rangle$ integrierbar, wenn jede ausgezeichnete Summenfolge konvergent ist. Alle ausgezeichneten Summenfolgen haben alsdann denselben Grenzwert.

Sind nämlich $\mathfrak{S}(\mathfrak{Z}_1), \mathfrak{S}(\mathfrak{Z}_2), \mathfrak{S}(\mathfrak{Z}_3), \ldots$ und $\mathfrak{S}(\mathfrak{Z}_1'), \mathfrak{S}(\mathfrak{Z}_2'), \mathfrak{S}(\mathfrak{Z}_3'), \ldots$ zwei ausgezeichnete Summenfolgen, so ist auch

$$\mathfrak{S}(\mathfrak{Z}_1),\ \mathfrak{S}(\mathfrak{Z}_1'),\ \mathfrak{S}(\mathfrak{Z}_2),\ \mathfrak{S}(\mathfrak{Z}_2'),\ \ldots$$

eine solche. Alle Teilfolgen einer konvergenten Zahlenfolge haben aber denselben Grenzwert.

Den gemeinsamen Grenzwert aller ausgezeichneten Summenfolgen der integrierbaren Funktion $f(x)$ nennt Riemann das von a bis b genommene (oder erstreckte) Integral dieser Funktion und bezeichnet ihn mit

$$\int_a^b f(x)\, dx .$$

Wir wollen jetzt untersuchen, welche Eigenschaften eine Funktion haben muß, um im Riemannschen Sinne integrierbar zu sein.

Zunächst beweisen wir folgenden Satz:

Wenn $f(x)$ in $\langle a, b\rangle$ integrierbar ist, so läßt sich jedem positiven ε ein positives δ gegenüberstellen, derart, daß

$$\left| \mathfrak{S}(\mathfrak{Z}) - \int_a^b f(x)\, dx \right| < \varepsilon$$

ist, sobald alle Teilintervalle von $\mathfrak{Z}$ kleiner als δ sind.

Gäbe es ein Ausnahme-Epsilon, etwa ε_0, so würde man nicht das Gewünschte erreichen, wenn man ihm $\delta = \frac{1}{n}$ entgegenstellte. Es ließe sich vielmehr ein $\mathfrak{S}$-Ausdruck $\mathfrak{S}(\mathfrak{Z}_n)$ so wählen, daß zwar alle Teilintervalle von $\mathfrak{Z}_n$ kleiner als $\frac{1}{n}$ sind, aber doch nicht

$$\left| \mathfrak{S}(\mathfrak{Z}_n) - \int_a^b f(x)\, dx \right| < \varepsilon_0 ,$$

sondern

$$\left| \mathfrak{S}(\mathfrak{Z}_n) - \int_a^b f(x)\, dx \right| \geqq \varepsilon_0$$

[1] In seiner klassischen Habilitationsschrift „Über die Darstellbarkeit einer Funktion durch eine trigonometrische Reihe". Riemanns ges. math. Werke.

ist. Dann wäre aber

$$\mathfrak{S}(\mathfrak{Z}_1),\ \mathfrak{S}(\mathfrak{Z}_2),\ \mathfrak{S}(\mathfrak{Z}_3), \ldots$$

eine ausgezeichnete $\mathfrak{S}$-Folge, die nicht nach $\int\limits_a^b f(x)\,dx$ konvergiert, wie es die Integrierbarkeit von $f(x)$ verlangt. Damit ist unser Satz bewiesen.

Ist nun $\mathfrak{Z}$ eine Zerlegung, deren Teilintervalle kleiner als δ sind, so hat man

$$-\varepsilon + \int\limits_a^b f(x)\,dx \leqq \mathfrak{S}(\mathfrak{Z}) \leqq \varepsilon + \int\limits_a^b f(x)\,dx,$$

und es ist ganz gleichgültig, wie die Werte $\xi_1, \xi_2, \ldots, \xi_{p-1}$, die in dem Ausdruck

$$\mathfrak{S}(\mathfrak{Z}) = (x_1 - a) f(\xi_1) + (x_2 - x_1) f(\xi_2) + \ldots + (b - x_{p-1}) f(\xi_p)$$

vorkommen, in den bezüglichen Teilintervallen liegen.

Wir wollen z. B. $\xi_2, \xi_3, \ldots, \xi_p$ festhalten und ξ_1 in $\langle a, x_1 \rangle$ unbestimmt lassen. Setzen wir

$$\int\limits_a^b f(x)\,dx - (x_2 - x_1) f(\xi_2) - \ldots - (b - x_{p-1}) f(\xi_p) = K,$$

so folgt aus den obigen Ungleichungen

$$\frac{-\varepsilon + K}{x_1 - a} \leqq f(x_1) \leqq \frac{\varepsilon + K}{x_1 - a}.$$

$f(x)$ ist also in $\langle a, x_1 \rangle$ beschränkt, d. h. die Funktionswerte liegen zwischen zwei festen Grenzen.

Dasselbe gilt für die übrigen Teilintervalle. $f(x)$ ist also auch in $\langle a, b \rangle$ beschränkt.

Wenn die Funktion $f(x)$ in $\langle a, b \rangle$ integrierbar sein soll, muß sie beschränkt sein.

Bevor wir die Untersuchung weiterführen, wollen wir eine Ausdrucksweise erklären, die wir dabei gebrauchen werden.

Wenn es in einem Intervall $\langle \alpha, \beta \rangle$ zwei Stellen x, x' gibt, so daß

$$f(x) - f(x') > \delta$$

ist, so sagen wir, daß in $\langle \alpha, \beta \rangle$ die Schwankung von $f(x)$ größer als δ ist. Dabei setzen wir $\delta > 0$ voraus.

Jetzt sei $\mathfrak{S}(\mathfrak{Z}_1)$, $\mathfrak{S}(\mathfrak{Z}_2)$, $\mathfrak{S}(\mathfrak{Z}_3), \ldots$ eine ausgezeichnete Summenfolge. Wir wollen in $\mathfrak{Z}_n$ alle diejenigen Teilintervalle $\langle \alpha, \beta \rangle$ ins Auge fassen, in welchen die Schwankung größer als $\delta (> 0)$ ist. τ_n sei die Summe dieser Teilintervalle, also $\tau_n = \sum (\beta - \alpha)$. Wählen wir in jedem

$\langle \alpha, \beta \rangle$ die Stellen x und x' so, daß $f(x) - f(x') > \varepsilon$ wird und ersetzen wir das zugehörige Glied von $\mathfrak{S}(\mathfrak{Z}_n)$ das eine Mal durch

$$(\beta - \alpha) f(x),$$

das andere Mal durch

$$(\beta - \alpha) f(x'),^{1}$$

so entstehen zwei Summen

$$\mathfrak{S}_n \quad \text{und} \quad \mathfrak{S}_n',$$

für welche offenbar

$$\mathfrak{S}_n - \mathfrak{S}_n' > \tau_n \delta$$

wird. $\mathfrak{S}_1, \mathfrak{S}_2, \mathfrak{S}_3, \ldots$ und $\mathfrak{S}_1', \mathfrak{S}_2', \mathfrak{S}_3', \ldots$ sind zwei ausgezeichnete Summenfolgen. Beide konvergieren also nach demselben Grenzwert, so daß

$$\lim (\mathfrak{S}_n - \mathfrak{S}_n') = 0$$

ist. Daraus ergibt sich aber

$$\lim \tau_n = 0.$$

Damit haben wir die zweite RIEMANNsche Integrierbarkeitsbedingung gefunden:

Wenn $f(x)$ in $\langle a, b \rangle$ integrierbar ist, so besteht für jede ausgezeichnete $\mathfrak{Z}$-Folge $\mathfrak{Z}_1, \mathfrak{Z}_2, \mathfrak{Z}_3, \ldots$ die Eigenschaft $\lim \tau_n = 0$. Dabei bedeutet τ_n die Summe derjenigen Teilintervalle von $\mathfrak{Z}_n$, in denen die Schwankung von $f(x)$ größer als δ ist. Die positive Zahl δ darf man beliebig wählen.

Die beiden RIEMANNschen Bedingungen sind für die Integrierbarkeit nicht nur notwendig, sondern auch hinreichend.

$\mathfrak{S}(\mathfrak{Z})$, $\mathfrak{S}(\mathfrak{Z}')$ seien irgend zwei Summen von $f(x)$. $\bar{\mathfrak{Z}}$ sei die Zerlegung, die durch die Teilpunkte von $\mathfrak{Z}$ und $\mathfrak{Z}'$ bewirkt wird, und $\mathfrak{S}(\bar{\mathfrak{Z}})$ eine zu $\bar{\mathfrak{Z}}$ gehörige Summe.

Da $f(x)$ in $\langle a, b \rangle$ beschränkt ist, läßt sich die Zahl M so wählen, daß man in dem ganzen Intervall

$$|f(x)| \leqq M$$

hat. Ist τ bei $\mathfrak{Z}$ (τ' bei $\mathfrak{Z}'$) die Summe der Teilintervalle, in denen die Schwankung von $f(x)$ sich größer als $\delta (> 0)$ erweist,[2] so wird

$$|\mathfrak{S}(\mathfrak{Z}) - \mathfrak{S}(\bar{\mathfrak{Z}})| \leqq 2M\tau + \delta(b-a)$$

und ebenso

$$|\mathfrak{S}(\mathfrak{Z}') - \mathfrak{S}(\bar{\mathfrak{Z}})| \leqq 2M\tau' + \delta(b-a),$$

mithin

$$|\mathfrak{S}(\mathfrak{Z}) - \mathfrak{S}(\mathfrak{Z}')| \leqq 2M(\tau + \tau') + 2\delta(b-a).$$

---

[1] Die übrigen Glieder von $\mathfrak{S}(\mathfrak{Z}_n)$ lassen wir ungeändert.

[2] In jedem solchen Teilintervall ist die Differenz zweier Funktionswerte höchstens gleich $2M$. Vgl. übrigens S. 6.

Nun sei $\mathfrak{S}(\mathfrak{Z}_1)$, $\mathfrak{S}(\mathfrak{Z}_2)$, $\mathfrak{S}(\mathfrak{Z}_3)$, ... eine beliebige ausgezeichnete Summenfolge und $\mathfrak{S}(\mathfrak{Z}_1')$, $\mathfrak{S}(\mathfrak{Z}_2')$, $\mathfrak{S}(\mathfrak{Z}_3')$, ... irgend eine Teilfolge von ihr. Da $\lim \tau_n = 0$ ist, so wird bei fast allen $\mathfrak{Z}_n$ das τ_n, also auch bei fast allen $\mathfrak{Z}_n'$ das τ_n' kleiner als δ sein. Daher erfüllen fast alle $\mathfrak{S}(\mathfrak{Z}_n) - \mathfrak{S}(\mathfrak{Z}_n')$ die Ungleichung

$$|\mathfrak{S}(\mathfrak{Z}_n) - \mathfrak{S}(\mathfrak{Z}_n')| < 2\delta(b - a + 2M).$$

δ ist aber eine beliebig gewählte positive Zahl. Wir können also schließen, daß

$$\lim \{\mathfrak{S}(\mathfrak{Z}_n) - \mathfrak{S}(\mathfrak{Z}_n')\} = 0$$

ist. Die Folge $\mathfrak{S}(\mathfrak{Z}_1)$, $\mathfrak{S}(\mathfrak{Z}_2)$, $\mathfrak{S}(\mathfrak{Z}_3)$, ... genügt demnach unserm Konvergenzkriterium auf S. 2.

Man kann der zweiten Riemannschen Bedingung noch eine andere Form geben.

Es genügt schon zu fordern, daß die Bedingung $\lim \tau_n = 0$ bei einer einzigen ausgezeichneten Zerlegungsfolge für jedes $\delta (> 0)$ erfüllt ist. Sie ist es dann von selbst bei jeder ausgezeichneten Zerlegungsfolge.

$\mathfrak{Z}_1$, $\mathfrak{Z}_2$, $\mathfrak{Z}_3$, ... sei eine ausgezeichnete Zerlegungsfolge mit der Eigenschaft $\lim \tau_n = 0$ (für jedes positive δ) und $\mathfrak{Z}_1'$, $\mathfrak{Z}_2'$, $\mathfrak{Z}_3'$, ... irgend eine andere ausgezeichnete Zerlegungsfolge. Nehmen wir ein $\mathfrak{Z}_\nu$, bei welchem $\tau_\nu < \frac{\varepsilon}{2}$ ist ($\varepsilon > 0$). Die Teilintervalle irgend eines $\mathfrak{Z}_n'$ zerfallen in zwei Klassen, 1. solche, die in einem der p Teilintervalle von $\mathfrak{Z}_\nu$ liegen, 2. solche, die einen Teilpunkt von $\mathfrak{Z}_\nu$ in ihrem Innern enthalten.

Zur letzten Klasse gehören offenbar nicht mehr als $p - 1$ Teilintervalle und ihre Summe ist also höchstens gleich $(p - 1)\varepsilon_n'$, wenn ε_n' das Maximalintervall von $\mathfrak{Z}_n'$ bedeutet. Bei fast allen $\mathfrak{Z}_n'$ ist aber $(p - 1)\varepsilon_n' < \frac{\varepsilon}{2}$.

Suchen wir unter den Teilintervallen der ersten Klasse diejenigen auf, in denen die Schwankung von $f(x)$ größer als δ ist, so ist ihre Summe offenbar nicht größer als τ_ν, d. h. kleiner als $\frac{\varepsilon}{2}$. Die Summe τ_n' aller Teilintervalle, in denen die Schwankung von $f(x)$ größer als δ ist, wird also bei fast allen $\mathfrak{Z}_n'$ kleiner sein als ε. Dies bedeutet aber, daß $\lim \tau_n' = 0$ ist.

Wir können also die Riemannschen Bedingungen schließlich so formulieren:

Für die Existenz des Integrals

$$\int_a^b f(x)\,dx$$

sind folgende Bedingungen notwendig und hinreichend:

1. $f(x)$ ist in $\langle a, b\rangle$ beschränkt.

2. Ist $\mathfrak{Z}_1, \mathfrak{Z}_2, \mathfrak{Z}_3, \ldots$ eine ausgezeichnete Zerlegungsfolge[1] und bezeichnet man mit τ_n die Summe der Teilintervalle, in denen sich die Schwankung von $f(x)$ größer als δ erweist, so wird $\lim \tau_n = 0$, wie auch die positive Zahl δ gewählt sein mag.

$\langle \alpha, \beta\rangle$ sei in $\langle a, b\rangle$ enthalten. Wenn die Funktion $f(x)$ in $\langle a, b\rangle$ integrierbar ist, so ist sie es auch in $\langle \alpha, \beta\rangle$. Die Bedingung 1 ist offenbar in $\langle \alpha, \beta\rangle$ erfüllt. Was die Bedingung 2 anbetrifft, so können wir die ausgezeichnete Folge $\mathfrak{Z}_1, \mathfrak{Z}_2, \mathfrak{Z}_3, \ldots$ so wählen, daß jedes $\mathfrak{Z}_n$ aus der Zerlegung $\langle a, \alpha\rangle$, $\langle \alpha, \beta\rangle$, $\langle \beta, b\rangle$ durch Weiterteilung entsteht. Ist nun bei $\mathfrak{Z}_n$ die Summe der Teilintervalle von $\langle a, b\rangle$ und von $\langle \alpha, \beta\rangle$, in denen die Schwankung von $f(x)$ sich größer als $\delta (> 0)$ erweist, gleich τ_n bzw. $\bar{\tau}_n$, so hat man

$$\bar{\tau}_n \leqq \tau_n.$$

Aus $\lim \tau_n = 0$ folgt somit

$$\lim \bar{\tau}_n = 0.$$

In $\langle \alpha, \beta\rangle$ ist also auch die Bedingung 2 erfüllt.

Wenn $a < c < b$ ist, so hat man, falls $\int_a^b f(x)\,dx$ existiert,

$$\int_a^b f(x)\,dx = \int_a^c f(x)\,dx + \int_c^b f(x)\,dx.$$

Um dies zu beweisen, betrachte man eine ausgezeichnete Summenfolge $\mathfrak{S}(\mathfrak{Z}_1), \mathfrak{S}(\mathfrak{Z}_2), \mathfrak{S}(\mathfrak{Z}_3), \ldots$ von der Art, daß jedes $\mathfrak{Z}_n$ den Teilpunkt c benutzt. Dann zerlegt sich $\mathfrak{S}(\mathfrak{Z}_n)$ in zwei Summanden, von denen der eine nach

$$\int_a^c f(x)\,dx,$$

der andere nach

$$\int_c^b f(x)\,dx$$

konvergiert.

Macht man die Festsetzung

$$\int_\beta^\alpha f(x)\,dx = -\int_\alpha^\beta f(x)\,dx,$$

so gilt die Formel

[1] Welche ausgezeichnete $\mathfrak{Z}$-Folge man benutzt, ist ins Belieben gestellt.

$$\int_{x_0}^{x_1} f(x)\,dx + \int_{x_1}^{x_2} f(x)\,dx + \ldots + \int_{x_{p-1}}^{x_p} f(x)\,dx + \int_{x_p}^{x_0} f(x)\,dx = 0\,,$$

wie man auch $x_0, x_1, \ldots, x_p$ in $\langle a, b\rangle$ wählen mag (Zerlegungssatz).

$\mathfrak{Z}$ sei eine Zerlegung von $\langle a, b\rangle$. Wenn die Funktion $f(x)$ in jedem Teilintervall von $\mathfrak{Z}$ integrierbar ist, so ist sie es auch in $\langle a, b\rangle$. Die Bedingung 1 ist offenbar in $\langle a, b\rangle$ erfüllt, wenn sie es in jedem Teilintervall von $\mathfrak{Z}$ ist. Was die Bedingung 2 anbetrifft, so braucht man nur die ausgezeichnete Folge $\mathfrak{Z}_1, \mathfrak{Z}_2, \mathfrak{Z}_3, \ldots$ so zu wählen, daß jedes $\mathfrak{Z}_n$ aus $\mathfrak{Z}$ durch Weiterteilung entsteht. τ_n für $\langle a, b\rangle$ ist dann gleich der Summe aller τ_n für die Teilintervalle von $\mathfrak{Z}$.

§ 7. Beispiele integrierbarer Funktionen.

1. Monotone Funktionen.

Wir nennen $f(x)$ in $\langle a, b\rangle$ aufsteigend, wenn

$$\frac{f(x) - f(x')}{x - x'} \geqq 0$$

ist, wie man auch x und x' ($\gtreqless x$) aus $\langle a, b\rangle$ herausgreifen mag.

Wenn x wächst, wächst auch die Funktion $f(x)$ oder sie nimmt wenigstens nicht ab.

Wir nennen $f(x)$ in $\langle a, b\rangle$ absteigend, wenn

$$\frac{f(x) - f(x')}{x - x'} \leqq 0$$

ist, wie man auch x und x' ($\gtreqless x$) aus $\langle a, b\rangle$ herausgreifen mag.

Wenn x wächst, nimmt $f(x)$ ab oder wenigstens nicht zu.

Aufsteigende und absteigende Fnnktionen bezeichnet man als monotone Funktionen.

Wenn $f(x)$ in $\langle a, b\rangle$ monoton ist, so existiert $\int_a^b f(x)\,dx$. Die Bedingung 1 ist offenbar erfüllt, weil alle $f(x)$ in dem Intervall $\langle f(a), f(b)\rangle$ liegen. Um zu zeigen, daß auch die Bedingung 2 erfüllt ist, bezeichne man mit $\mathfrak{Z}_n$ die Zerlegung von $\langle a, b\rangle$ in n gleiche Teile. $\langle \alpha, \beta\rangle$ sei ein Teilintervall von $\mathfrak{Z}_n$, in welchem die Schwankung von $f(x)$ größer als δ, d. h.

$$|f(\beta) - f(\alpha)| > \delta$$

ist. Gibt es p_n solche Teilintervalle, so ist ihre Summe

$$\tau_n = \frac{p_n(b-a)}{n}.$$

Da offenbar

$$\sum |f(\beta) - f(\alpha)| \leqq |f(b) - f(a)|$$

ist, so hat man

$$p_n \delta \leqq |f(b) - f(a)|,$$

also

$$\tau_n \leqq \frac{(b-a)\,|f(b) - f(a)|}{n\,\delta}.$$

Daraus folgt aber

$$\lim \tau_n = 0.$$

2. Funktionen von beschränkter Variation.

$\mathfrak{Z}$ bedeute die Zerlegung von $\langle a, b\rangle$ in die Teilintervalle

$$\langle a, x_1\rangle,\ \langle x_1, x_2\rangle,\ \ldots,\ \langle x_{p-1}, b\rangle.$$

$$(a < x_1 < \ldots < x_{p-1} < b)$$

Wir wollen den Ausdruck

$$V(\mathfrak{Z}) = |f(a) - f(x_1)| + |f(x_1) - f(x_2)| + \ldots + |f(x_{p-1}) - f(b)|$$

bilden. $V(\mathfrak{Z})$ ist die Summe der Oszillationen, die beim Durchlaufen der Reihe

$$f(a),\ f(x_1),\ f(x_2),\ \ldots,\ f(x_{p-1}),\ f(b)$$

stattfinden. Dabei wird jede Oszillation ihrem absoluten Betrage nach gerechnet.

Es kann nun eine Zahl K geben, die größer als $V(\mathfrak{Z})$ ist, wie man auch die Zerlegung $\mathfrak{Z}$ wählen mag. In diesem Falle heißt $f(x)$ in $\langle a, b\rangle$ von beschränkter Variation (nach Jordan).

Wenn $f(x)$ in $\langle a, b\rangle$ von beschränkter Variation ist, so existiert $\int_a^b f(x)\,dx$.

Die Bedingung 1 ist erfüllt, weil insbesondere

$$|f(a) - f(x)| + |f(x) - f(b)| < K$$

ist, wie man auch x in $\langle a, b\rangle$ wählen mag. Aus dieser Ungleichung folgt nämlich, da

$$|f(a) - f(x)| \geqq |f(x)| - |f(a)|$$

und

$$|f(x) - f(b)| \geqq |f(x)| - |f(b)|$$

ist,

$$|f(x)| < \frac{|f(a)| + |f(b)| + K}{2}.$$

Um zu erkennen, ob die Bedingung 2 erfüllt ist, zerlege man $\langle a, b\rangle$ in n gleiche Teile und nenne diese Zerlegung $\mathfrak{Z}_n$. Es gebe p_n Teilintervalle, in denen die Schwankung von $f(x)$ größer als $\delta(>0)$ ist. $\langle \alpha, \beta\rangle$ sei ein solches Teilintervall. Dann gibt es in $\langle \alpha, \beta\rangle$ zwei Stellen x und x' $(> x)$, so daß

$$|f(x) - f(x')| > \delta.$$

Offenbar ist nun

$$\sum |f(x) - f(x')| \leqq \sum \{|f(\alpha) - f(x)| + |f(x) - f(x')| + |f(x') - f(\beta)|\}$$

und die zweite Summe kleiner als ein gewisser Ausdruck $V(\mathfrak{Z})$, also kleiner als K. Man hat daher

$$p_n \delta < K,$$

also

$$\tau_n = \frac{p_n (b-a)}{n} < \frac{K(b-a)}{n\delta},$$

mithin

$$\lim \tau_n = 0.$$

Unter den Zahlen, die wie K von keinem $V(\mathfrak{Z})$ übertroffen werden, gibt es eine kleinste.[1] k sei eine Zahl, die von irgend einem $V(\mathfrak{Z})$ übertroffen wird. Nun teile man das Intervall $\langle k, K\rangle$ in 2^n gleiche Teile. Dann gibt es ein Teilintervall $\langle k_n, K_n\rangle$, das sich ebenso verhält wie $\langle k, K\rangle$. K_n wird von keinem $V(\mathfrak{Z})$ übertroffen, k_n hat diese Eigenschaft nicht mehr. Man übersieht sofort, daß $\langle k_{n+1}, K_{n+1}\rangle$ eine Hälfte von $\langle k_n, K_n\rangle$ ist. Der gemeinsame Grenzwert von k_n und K_n heiße $V(a, b)$. Er wird von keinem $V(\mathfrak{Z})$ übertroffen. Wäre nämlich $V(\mathfrak{Z}) > V(a, b)$, so hätte man bei genügend großem n auch $K_n < V(\mathfrak{Z})$, während doch K_n von keinem $V(\mathfrak{Z})$ übertroffen wird. Jede Zahl, die kleiner als $V(a, b)$ ist, hat diese Eigenschaft nicht mehr. Ist z. B. $V' < V(a, b)$, so muß bei genügend großem n auch $V' < k_n$ sein und k_n wird von irgend einem $V(\mathfrak{Z})$ übertroffen.

Offenbar ist $V(a, b) \geqq 0$.

Wenn $a < c < b$, so hat man

$$V(a, b) = V(a, c) + V(c, b).$$[2]

$\mathfrak{Z}_1$ sei eine Zerlegung von $\langle a, c\rangle$ und $\mathfrak{Z}_2$ eine Zerlegung von $\langle c, b\rangle$. Dann ist $V(\mathfrak{Z}_1) + V(\mathfrak{Z}_2)$ ein auf $\langle a, b\rangle$ bezüglicher Ausdruck $V(\mathfrak{Z})$. Umgekehrt ist jedes $V(\mathfrak{Z})$ entweder selbst eine Summe $V(\mathfrak{Z}_1) + V(\mathfrak{Z}_2)$ oder wird es durch Hinzufügung des Teilpunktes c, so daß $V(\mathfrak{Z}) \leqq V(\mathfrak{Z}_1) + V(\mathfrak{Z}_2)$ ist.

Kein $V(\mathfrak{Z})$ ist also größer als alle Summen $V(\mathfrak{Z}_1) + V(\mathfrak{Z}_2)$ und keine Summe $V(\mathfrak{Z}_1) + V(\mathfrak{Z}_2)$ größer als alle $V(\mathfrak{Z})$. Daraus folgt, daß die kleinste Zahl, die von keinem $V(\mathfrak{Z})$ übertroffen wird, zugleich die kleinste Zahl ist, die von keiner Summe $V(\mathfrak{Z}_1) + V(\mathfrak{Z}_2)$ übertroffen wird. Diese letztere ist aber gleich $V(a, c) + V(c, b)$.

---

[1] Wenn alle Zahlen einer beliebigen Zahlenmenge kleiner als K sind, so gibt es unter den Zahlen, die von keiner Zahl der Menge übertroffen werden, eine kleinste (Beweis wie oben). Man nennt sie die obere Grenze der Zahlenmenge. $V(a, b)$ ist also die obere Grenze der Zahlen $V(\mathfrak{Z})$.

[2] Setzt man $V(a, a) = 0$, so gilt diese Formel auch für $c = a$ und $c = b$.

Die beiden Funktionen

$$\varphi(x) = \frac{V(a, x) + f(x)}{2},$$

$$\psi(x) = \frac{V(a, x) - f(x)}{2}$$

sind in $\langle a, b\rangle$ aufsteigend. In der Tat ist für $a \leqq x < x + h \leqq b$

$$\varphi(x+h) - \varphi(x) = \frac{V(x, x+h) + \{f(x+h) - f(x)\}}{2},$$

$$\psi(x+h) - \psi(x) = \frac{V(x, x+h) - \{f(x+h) - f(x)\}}{2}.$$

Beachtet man, daß

$$V(x, x+h) \geqq |f(x+h) - f(x)|,$$

so ergibt sich:

$$\varphi(x+h) - \varphi(x) \geqq 0,$$

$$\psi(x+h) - \psi(x) \geqq 0.$$

Nun ist

$$\varphi(x) - \psi(x) = f(x).$$

Eine Funktion, die in $\langle a, b\rangle$ von beschränkter Variation ist, läßt sich also als Summe von zwei monotonen Funktionen darstellen. Umgekehrt ist jede solche Summe offenbar von beschränkter Variation.

3. Stetige Funktionen.

Daß eine stetige Funktion $f(x)$ integrierbar ist, wissen wir aus § 2. Wir können uns aber auch mittels der RIEMANNschen Bedingungen davon überzeugen.

Daß $f(x)$ beschränkt ist, ersehen wir aus § 1. Die Bedingung 1 ist also erfüllt.

Ist ferner $\mathfrak{Z}_1, \mathfrak{Z}_2, \mathfrak{Z}_3, \ldots$ eine ausgezeichnete Zerlegungsfolge, so wird bei fast allen $\mathfrak{Z}_n$ das τ_n gleich Null sein. τ_n bedeutet wie bisher die Summe der Teilintervalle von $\mathfrak{Z}_n$, in denen die Schwankung von $f(x)$ größer als δ ist ($\delta > 0$). Gäbe es unendlich viele $\mathfrak{Z}_n$, etwa $\mathfrak{Z}_1', \mathfrak{Z}_2', \mathfrak{Z}_3', \ldots$, mit nicht verschwindendem τ_n, so müßten in irgend einem Teilintervall von $\mathfrak{Z}_n'$ zwei Funktionswerte $f(x_n)$, $f(y_n)$ vorkommen, die um mehr als δ voneinander abweichen. Man hätte dann

$$\lim (x_n - y_n) = 0,$$

aber nicht

$$\lim \{f(x_n) - f(y_n)\} = 0.$$

Das widerspricht dem Satz 2 in § 1. Die Bedingung 2 ist also ebenfalls erfüllt. Es ist nicht nur $\lim \tau_n = 0$, sondern es sind sogar fast alle τ_n gleich Null.

4. Integrierbare unstetige Funktionen.

$f(x)$ sei in $\langle a, b\rangle$ beschränkt. Eine Stelle x dieses Intervalls, an der $f(x)$ nicht stetig ist, nennt man eine Unstetigkeitsstelle. Wir wollen eine ausgezeichnete Zerlegungsfolge $\mathfrak{Z}_1, \mathfrak{Z}_2, \mathfrak{Z}_3, \ldots$ betrachten und die Summe der Teilintervalle von $\mathfrak{Z}_n$, in denen Unstetigkeitsstellen auftreten, mit σ_n bezeichnen.

Wenn $\lim \sigma_n = 0$ ist,[1] so läßt sich zeigen, daß $f(x)$ in $\langle a, b\rangle$ integrierbar ist.

Wir müssen beweisen, daß die zweite RIEMANNsche Bedingung erfüllt ist.

Die Teilintervalle von $\mathfrak{Z}_n$, in denen $f(x)$ stetig ist, lassen sich so weiterteilen, daß in keinem der Unterintervalle die Schwankung von $f(x)$ größer als δ ist (vgl. Nr. 3). Wir erhalten also eine neue Zerlegung $\bar{\mathfrak{Z}}_n$, bei der die Teilintervalle, in denen sich die Schwankung von $f(x)$ größer als δ erweist, eine Summe $\tau_n \leqq \sigma_n$ haben. $\bar{\mathfrak{Z}}_1, \bar{\mathfrak{Z}}_2, \bar{\mathfrak{Z}}_3, \ldots$ ist nun eine ausgezeichnete Zerlegungsfolge mit der Eigenschaft $\lim \tau_n = 0$.

Zu der hier betrachteten Klasse von unstetigen Funktionen gehören z. B. alle beschränkten Funktionen mit einer endlichen Anzahl von Unstetigkeitsstellen.

§ 8. Integrierbarkeit von $f + g$, fg, $1 : f$, $|f|$.

Wenn $f(x)$ und $g(x)$ in $\langle a, b\rangle$ integrierbar sind, so gilt dasselbe von

$$\Phi(x) = f(x) + g(x), \quad \Psi(x) = f(x)\, g(x).$$

Daß die Bedingung 1 erfüllt ist, liegt auf der Hand. Aus

$$|f(x)| < M, \quad |g(x)| < M$$

folgt nämlich

$$|f(x) + g(x)| < 2M, \quad |f(x)\, g(x)| < M^2.$$

Die Bedingung 2 ist aber auch erfüllt. Soll in einem Intervall $\langle \alpha, \beta\rangle$ bei passender Wahl von x, x'

$$\delta < \Phi(x) - \Phi(x') \quad \text{oder} \quad \delta < \Psi(x) - \Psi(x')$$

sein, so muß man haben

$$\delta < |f(x) - f(x')| + |g(x) - g(x')|$$

bzw.

$$\delta < M\{|f(x) - f(x')| + |g(x) - g(x')|\}.$$

Es muß also in $\langle \alpha, \beta\rangle$ die Schwankung von $f(x)$ oder $g(x)$ größer als δ sein ($\delta' = \delta/2$ bzw. $\delta' = \delta/2M$).

---

[1] Man sagt in diesem Falle, daß die Unstetigkeitsstellen eine Punktmenge vom Inhalt Null bilden.

Nun sei bei der Zerlegung $\mathfrak{Z}_n$ die Summe aller Teilintervalle, in denen die Schwankung von $f(x)$ bzw. $g(x)$ sich größer als δ' erweist, gleich τ_n' bzw. τ_n''. Ferner sei τ_n die Summe der Teilintervalle, in denen die Schwankung von $\Phi(x)$ bzw. $\Psi(x)$ größer als δ ist. Dann hat man

$$\tau_n \leqq \tau_n' + \tau_n''.$$

Durchläuft also $\mathfrak{Z}_n$ eine ausgezeichnete Zerlegungsfolge, so wird

$$\lim \tau_n = 0,$$

weil

$$\lim \tau_n' = \lim \tau_n'' = 0$$

ist, und zwar gilt dies für jedes positive δ.

Die Integrierbarkeit von $f(x) + g(x)$ und $c f(x)$, wenn $f(x)$, $g(x)$ in $\langle a, b\rangle$ integrierbar sind, und c eine Konstante ist, kann man auch direkt mit Hilfe der ausgezeichneten Summenfolgen nachweisen. Man findet dabei zugleich die Formeln

$$\int_a^b \{f(x) + g(x)\}\, dx = \int_a^b f(x)\, dx + \int_a^b g(x)\, dx\,,$$

$$\int_a^b c f(x) = c \int_a^b f(x)\, dx\,.$$

In § 7 sahen wir, daß eine Funktion von beschränkter Variation sich als Summe von zwei monotonen Funktionen darstellen läßt. Da monotone Funktionen integrierbar sind, so folgt hieraus auf Grund des Obigen, daß eine Funktion von beschränkter Variation integrierbar ist. Dies haben wir in § 7 auf anderem Wege bewiesen.

Wenn $f(x)$ in $\langle a, b\rangle$ integrierbar ist, so gilt dasselbe von $|f(x)|$. Daß $|f(x)|$ auch die zweite Riemannsche Bedingung erfüllt, ist leicht zu erkennen. Wenn nämlich in $\langle \alpha, \beta\rangle$ bei passender Wahl von x, x'

$$|f(x)| - |f(x')| > \delta$$

sein, so muß wegen

$$|f(x) - f(x')| \geqq |f(x)| - |f(x')|$$

auch

$$|f(x) - f(x')| > \delta$$

sein. τ_n ist also bei $|f(x)|$ sicher nicht größer als bei $f(x)$.

Wenn $f(x)$ in $\langle a, b\rangle$ integrierbar ist und $|f(x)|$ beständig größer bleibt als eine positive Zahl k, so ist auch $1 : f(x)$ in $\langle a, b\rangle$ integrierbar. Die Bedingung 1 ist erfüllt, weil beständig

$$\left|\frac{1}{f(x)}\right| < \frac{1}{k}$$

ist. Was die zweite Bedingung anbetrifft, so folgt aus

$$\frac{1}{f(x)} - \frac{1}{f(x')} > \delta$$

offenbar

$$|f(x) - f(x')| > k^2 \delta = \delta'.$$

Ist τ_n' (τ_n) bei $\mathfrak{Z}_n$ die Summe der Teilintervalle, in denen die Schwankung von $f(x)$ $(1 : f(x))$ größer als δ' (δ) ist, so hat man sicher $\tau_n \leqq \tau_n'$. Durchläuft $\mathfrak{Z}_n$ eine ausgezeichnete Zerlegungsfolge, so wird

$$\lim \tau_n' = 0, \quad \text{mithin} \quad \lim \tau_n = 0.$$

§ 9. Die Funktion $\int_a^x f(x)\,dx$.

$f(x)$ sei in $\langle a, b\rangle$ integrierbar. Wir wollen die schon in § 5 (für den Fall eines stetigen $f(x)$) behandelte Funktion

$$F(x) = \int_a^x f(x)\,dx$$

betrachten, und zwar soll gezeigt werden, daß $F(x)$ in $\langle a, b\rangle$ stetig und von beschränkter Variation ist.

Daß $f(x)$ von beschränkter Variation ist, läßt sich auf folgende Weise erkennen.

Wir wissen, daß mit $f(x)$ auch $|f(x)|$ integrierbar ist, ebenso $f(x) + |f(x)|$. Setzen wir nun

$$\varphi(x) = \int_a^x \{f(x) + |f(x)|\}\,dx,$$

$$\psi(x) = \int_a^x |f(x)|\,dx,$$

so ist

$$F(x) = \varphi(x) - \psi(x).$$

$\varphi(x)$ und $\psi(x)$ sind aber in $\langle a, b\rangle$ aufsteigend. Man hat nämlich für $a \leqq x < x + h \leqq b$

$$\varphi(x+h) - \varphi(x) = \int_x^{x+h} \{f(x) + |f(x)|\}\,dx \geqq 0,$$

$$\psi(x+h) - \psi(x) = \int_x^{x+h} |f(x)|\,dx \geqq 0,$$

weil

$$f(x) + |f(x)| \geqq 0 \quad \text{und} \quad |f(x)| \geqq 0.$$

Wir benutzen hierbei die Bemerkung, daß im Falle $a < b$

$$\int_a^b f(x)\,dx \geqq 0$$

ist, wenn in $\langle a, b\rangle$

$$f(x) \geqq 0.$$

Dies folgt unmittelbar daraus, daß unter dieser Bedingung jede Summe $\mathfrak{S}(\mathfrak{Z})$ größer als Null oder gleich Null ist.

Wenn in $\langle a, b\rangle$

$$|f(x)| \leqq M$$

ist, so ist jeder Ausdruck $\mathfrak{S}(\mathfrak{Z})$ seinem Betrage nach kleiner oder gleich

$$|b - a|\,M.$$

Dies benutzen wir, um die Stetigkeit von $F(x)$ zu beweisen. Es sei $\lim x_n = x$ $(a \leqq x_n \leqq b)$. Dann wird

$$F(x_n) = F(x) + \int_x^{x_n} f(x)\,dx,$$

also

$$|F(x_n) - F(x)| \leqq |x_n - x|\,M,$$

mithin

$$\lim F(x_n) = F(x).$$

§ 10. Das Integral einer Ableitung.

$F(x)$ habe in $\langle a, b\rangle$ überall eine Ableitung, und zwar sei

$$F'(x) = f(x).$$

Wenn $f(x)$ in $\langle a, b\rangle$ integrierbar ist, läßt sich

$$\int_a^b f(x)\,dx$$

in einfacher Weise durch $F(x)$ ausdrücken.

$\mathfrak{Z}$ bedeute die Zerlegung von $\langle a, b\rangle$ in die Teilintervalle

$$\langle a, x_1\rangle,\quad \langle x_1, x_2\rangle,\ \ldots,\ \langle x_{p-1}, b\rangle.$$
$$(a < x_1 < \cdots < x_{p-1} < b)$$

Dann hat man nach dem Mittelwertsatz der Differentialrechnung[1]

[1] Vgl. mein oben zitiertes Buch.

$$F(x_1) - F(a) = (x_1 - a) f(\xi_1),$$
$$F(x_2) - F(x_1) = (x_2 - x_1) f(\xi_2),$$
$$\cdots\cdots\cdots$$
$$F(b) - F(x_{p-1}) = (b - x_{p-1}) f(\xi_p),$$

wobei $a < \xi_1 < x_1 < \xi_2 < x_3 < \ldots < x_{p-1} < \xi_p < b$ ist.

Aus den obigen Gleichungen folgt

$$F(b) - F(a) = (x_1 - a) f(\xi_1) + \ldots + (b - x_{p-1}) f(\xi_p) = \mathfrak{S}(\mathfrak{Z}).$$

Lassen wir $\mathfrak{Z}$ eine ausgezeichnete Zerlegungsfolge durchlaufen, so wird

$$\lim \mathfrak{S}(\mathfrak{Z}) = \int_a^b f(x)\, dx.$$

Es ist mithin

$$\int_a^b f(x)\, dx = F(b) - F(a)$$

oder, wie man zu schreiben pflegt,

$$\int_a^b f(x)\, dx = \big(F(x)\big)_a^b.$$

Nach dieser Formel läßt sich $\int_a^b f(x)\, dx$ berechnen, sobald man eine Stammfunktion von $f(x)$ kennt.

§ 11. Oberes und unteres Integral einer beschränkten Funktion.

Wir wollen jetzt in $\langle a, b\rangle$ eine Funktion $f(x)$ betrachten, die nur der ersten RIEMANNschen Bedingung genügt, die also in $\langle a, b\rangle$ beschränkt ist.

Unter den Zahlen, die von keinem Funktionswert $f(x)$, $a \leqq x \leqq b$, übertroffen werden, gibt es eine kleinste.[1] Man nennt sie die obere Grenze von $f(x)$ in $\langle a, b\rangle$. Ebenso gibt es unter den Zahlen, die keinen Funktionswert $f(x)$, $a \leqq x \leqq b$, übertreffen, eine größte. Man nennt sie die untere Grenze von $f(x)$ in $\langle a, b\rangle$.

Die untere Grenze[2] von $f(x)$ in $\langle a, b\rangle$ bezeichnen wir mit $m(a, b)$, die obere mit $M(a, b)$. Ist $\langle \alpha, \beta\rangle$ in $\langle a, b\rangle$ enthalten, so wird

$$m(a, b) \leqq m(\alpha, \beta) \leqq M(\alpha, \beta) \leqq M(a, b).$$

Betrachten wir nun an Stelle des Ausdrucks

$$\mathfrak{S}(\mathfrak{Z}) = (x_1 - a) f(\xi_1) + (x_2 - x_1) f(\xi_2) + \ldots + (b - x_{p-1}) f(\xi_p)$$

---

[1] Vgl. die Fußnote auf S. 19.

[2] $-m(a, b)$ ist die obere Grenze von $-f(x)$, ebenso $-M(a, b)$ die untere Grenze von $-f(x)$.

die beiden Ausdrücke

$$s(\mathfrak{Z}) = (x_1 - a)\, m(a, x_1) + (x_2 - x_1)\, m(x_1, x_2) + \ldots + (b - x_{p-1})\, m(x_{p-1}, b)$$

und

$$S(\mathfrak{Z}) = (x_1 - a)\, M(a, x_1) + (x_2 - x_1)\, M(x_1, x_2) + \ldots + (b - x_{p-1})\, M(x_{p-1}, b),$$

so stellt sich heraus, daß

$$\lim s(\mathfrak{Z}) \quad \text{und} \quad \lim S(\mathfrak{Z})$$

existieren, wenn $\mathfrak{Z}$ eine ausgezeichnete Zerlegungsfolge durchläuft.

Wir können uns auf $S(\mathfrak{Z})$ beschränken. Ersetzen wir nämlich $f(x)$ durch $-f(x)$, so treten an die Stelle von $s(\mathfrak{Z})$ und $S(\mathfrak{Z})$

$$-S(\mathfrak{Z}) \text{ bzw. } -s(\mathfrak{Z}).$$

Zunächst wollen wir zwei S-Ausdrücke

$$S(\mathfrak{Z}) \quad \text{und} \quad S(\mathfrak{Z}')$$

miteinander vergleichen. $\mathfrak{Z}$ habe p und $\mathfrak{Z}'$ habe p' Teilintervalle.

Die Teilintervalle von $\mathfrak{Z}$ zerfallen gegenüber $\mathfrak{Z}'$ in zwei Klassen:

1. solche, die in einem Teilintervall von $\mathfrak{Z}'$ liegen,

2. solche, die wenigstens einen Teilpunkt von $\mathfrak{Z}'$ in ihrem Innern enthalten.

Die entsprechenden Glieder von $S(\mathfrak{Z})$ nennen wir Glieder erster und zweiter Klasse. Es gibt offenbar höchstens $p' - 1$ Glieder zweiter Klasse.

Wenn wir in allen Gliedern zweiter Klasse M durch m ersetzen, so ist das so verkleinerte $S(\mathfrak{Z})$, wie man sich leicht klar macht, nicht größer als $S(\mathfrak{Z}')$. Die Verkleinerung, die wir herbeigeführt haben, ist aber nicht größer als

$$(p' - 1)\, \varepsilon \{M(a, b) - m(a, b)\},$$

wenn wir unter ε das Maximalintervall von $\mathfrak{Z}$ verstehen. Es gilt also die Ungleichung

$$S(\mathfrak{Z}) \leqq S(\mathfrak{Z}') + (p' - 1)\, \varepsilon \{M(a, b) - m(a, b)\}.$$

Andererseits ist für jede Zerlegung $\mathfrak{Z}$

$$(b - a)\, m(a, b) \leqq S(\mathfrak{Z}).$$

Jetzt sei S die untere Grenze aller Ausdrücke $S(\mathfrak{Z})$, also die größte Zahl, die die Eigenschaft hat, kein $S(\mathfrak{Z})$ zu übertreffen. Dann läßt sich $\mathfrak{Z}'$ so wählen, daß

$$\mathfrak{S}(\mathfrak{Z}') < S + \frac{\delta}{2}$$

ist ($\delta > 0$). Hat man $\mathfrak{Z}'$ in dieser Weise gewählt und läßt nun $\mathfrak{Z}$ eine ausgezeichnete Zerlegungsfolge $\mathfrak{Z}_1, \mathfrak{Z}_2, \mathfrak{Z}_3, \ldots$ durchlaufen, so wird bei fast allen $\mathfrak{Z}_n$

$$(p' - 1)\, \varepsilon_n \{M(a, b) - m(a, b)\} < \frac{\delta}{2}$$

sein, also

$$S \leqq S(\mathfrak{Z}_n) \leqq S + \delta.$$

Dies bedeutet aber, da die positive Zahl δ beliebig gewählt werden darf,

$$\lim S(\mathfrak{Z}_n) = S.$$

Jede ausgezeichnete S-Folge[1] ist also konvergent.

Den gemeinsamen Grenzwert S aller ausgezeichneten S-Folgen nennt man das obere Integral und den gemeinsamen Grenzwert aller ausgezeichneten s-Folgen das untere Integral von $f(x)$, genommen oder erstreckt von a bis b.

Das obere Integral bezeichnen wir mit

$$\overline{\int_a^b} f(x)\, dx,$$

das untere mit

$$\underline{\int_a^b} f(x)\, dx.$$

Da immer

$$s(\mathfrak{Z}) \leqq S(\mathfrak{Z})$$

ist, so hat man

$$\underline{\int_a^b} f(x)\, dx \leqq \overline{\int_a^b} f(x)\, dx.$$

Unsere obige Betrachtung läßt erkennen, daß die Ungleichungen

$$s(\mathfrak{Z}) \leqq \underline{\int_a^b} f(x)\, dx \leqq \overline{\int_a^b} f(x)\, dx \leqq S(\mathfrak{Z})$$

gelten.

Das untere Integral ist die obere Grenze aller Ausdrücke $s(\mathfrak{Z})$ und das obere Integral die untere Grenze aller Ausdrücke $S(\mathfrak{Z})$.

§ 12. Andere Fassung der zweiten Riemannschen Bedingung.

Aus dem Begriff der oberen Grenze folgt, daß zu jedem $S(\mathfrak{Z})$ eine Summe

$$\mathfrak{S}(\mathfrak{Z}) = (x_1 - a) f(\xi_1) + (x_2 - x_1) f(\xi_2) + \ldots + (b - x_{p-1}) f(\xi_p)$$

existiert, die von ihm um weniger als δ abweicht, so daß also

$$S(\mathfrak{Z}) - \delta < \mathfrak{S}(\mathfrak{Z}) \leqq S(\mathfrak{Z})$$

ist.

---

[1] Damit meinen wir eine Folge von Ausdrücken $S(\mathfrak{Z})$, die zu einer ausgezeichneten Zerlegungsfolge gehört.

Hat man nun eine ausgezeichnete S-Folge $S(\mathfrak{Z}_1)$, $S(\mathfrak{Z}_2)$, $S(\mathfrak{Z}_3)$, ..., so läßt sich $\mathfrak{S}(\mathfrak{Z}_n)$ derart wählen, daß

$$S(\mathfrak{Z}_n) - \frac{1}{n} < \mathfrak{S}(\mathfrak{Z}_n) \leqq S(\mathfrak{Z}_n)$$

wird. Dann ist aber

$$\lim \mathfrak{S}(\mathfrak{Z}_n) = \lim S(\mathfrak{Z}_n) = \overline{\int_a^b} f(x)\, dx .$$

Es gibt also eine ausgezeichnete Summenfolge mit dem Grenzwert

$$\overline{\int_a^b} f(x)\, dx .$$

Ebenso läßt sich eine ausgezeichnete Summenfolge herstellen, die nach

$$\underline{\int_a^b} f(x)\, dx$$

konvergiert.

Wenn $f(x)$ in $\langle a, b\rangle$ integrierbar ist, so haben alle ausgezeichneten Summenfolgen denselben Grenzwert. Es ist also in diesem Falle das obere gleich dem unteren Integral. Damit haben wir eine neue Formulierung der zweiten RIEMANNschen Bedingung gewonnen. Es ist nämlich klar, daß umgekehrt die Gleichheit des oberen und unteren Integrals die Konvergenz aller ausgezeichneten $\mathfrak{S}$-Folgen nach sich zieht. Dies ergibt sich sofort aus den Ungleichungen

$$s(\mathfrak{Z}) \leqq \mathfrak{S}(\mathfrak{Z}) \leqq S(\mathfrak{Z}) .$$

Durchläuft $\mathfrak{S}(\mathfrak{Z})$ eine ausgezeichnete Summenfolge, so konvergieren $s(\mathfrak{Z})$ und $S(\mathfrak{Z})$ nach dem unteren und oberen Integral, die hier beide gleich sind. Diesem Grenzwert strebt also auch $\mathfrak{S}(\mathfrak{Z})$ zu.

Die Differenz zwischen der oberen und unteren Grenze von $f(x)$ in $\langle a, b\rangle$ pflegt man die Schwankung von $f(x)$ in $\langle a, b\rangle$ zu nennen. Bezeichnen wir sie mit $\sigma(a, b)$, so ist also

$$\sigma(a, b) = M(a, b) - m(a, b).$$

$\sigma(a, b)$ ist die obere Grenze der Differenzen $f(x) - f(x')$, wobei x, x' zwei beliebige Zahlen aus $\langle a, b\rangle$ sind.

Der Ausdruck

$$\sigma(\mathfrak{Z}) = \frac{(x_1 - a)\,\sigma(a, x_1) + (x_2 - x_1)\,\sigma(x_1, x_2) + \ldots + (b - x_{p-1})\,\sigma(x_{p-1}, b)}{b - a}$$

heißt die mittlere Schwankung von $f(x)$ in den Teilintervallen von $\mathfrak{Z}$. Durchläuft $\mathfrak{Z}$ eine ausgezeichnete Zerlegungsfolge, so wird

$$\lim \sigma(\mathfrak{Z}) = \frac{1}{b-a}\left\{\overline{\int_a^b} f(x)\,dx - \underline{\int_a^b} f(x)\,dx\right\}.$$

Diesen Grenzwert nennt man die mittlere Schwankung von $f(x)$ in $\langle a, b\rangle$.

Die zweite RIEMANNsche Bedingung läßt sich also auch so ausdrücken: Die mittlere Schwankung von $f(x)$ in $\langle a, b\rangle$ ist gleich Null.

§ 13. Integration unendlicher Reihen.

Wenn die Reihe

$$u_1(x) + u_2(x) + u_3(x) + \ldots$$

in $\langle a, b\rangle$ überall konvergiert, so ist ihre Summe in $\langle a, b\rangle$ eine Funktion $s(x)$ von x.

Wir wollen einen Fall betrachten, in welchem man aus der Integrierbarkeit der Funktionen $u_n(x)$ auf die Integrierbarkeit von $s(x)$ schließen kann. Das ist der Fall der gleichmäßigen Konvergenz.

Eine in $\langle a, b\rangle$ konvergierende Reihe $u_1(x) + u_2(x) + u_3(x) + \ldots$ hat die Eigenschaft, daß bei festgehaltenem x $(a \leqq x \leqq b)$

$$\lim R_n(x) = 0$$

ist. Dabei soll $R_n(x)$ den n^{ten} Rest unserer Reihe bedeuten:

$$R_n(x) = u_n(x) + u_{n+1}(x) + \ldots$$

Es kann nun sein, daß die Eigenschaft $\lim R_n(x) = 0$ auch dann bestehen bleibt, wenn wir das x gleichzeitig mit n variieren lassen. Dann nennen wir die Reihe gleichmäßig konvergent.

Die in $\langle a, b\rangle$ konvergente Reihe $u_1(x) + u_2(x) + u_3(x) + \ldots$ heißt gleichmäßig konvergent, wenn für jede in $\langle a, b\rangle$ enthaltene Folge $x_1, x_2, x_3, \ldots$

$$\lim R_n(x_n) = 0$$

ist.

Z. B. ist die Reihe

$$1 - x + x(1-x) + x^2(1-x) + \ldots$$

in $\langle 0, 1\rangle$ konvergent, aber nicht gleichmäßig. Setzt man nämlich in

$$R_n(x) = x^{n-1}(1-x) + x^n(1-x) + \ldots$$

$$x = 1 - \frac{1}{n},$$

so wird

$$R_n(x) = \left(1 - \frac{1}{n}\right)^{n-1},$$

und der Grenzwert hiervon ist $1:e$, also nicht Null.

Die obige Reihe ist dagegen in dem Intervall $\langle 0, q\rangle$ gleichmäßig konvergent, sobald $0 < q < 1$ ist. Dann wird nämlich

$$0 \leqq R_n(x_n) \leqq q^{n-1}$$

und $\lim R_n(x_n) = 0$ für jede Folge $x_1, x_2, x_3, \ldots$ in $\langle 0, q\rangle$.

Wir beweisen jetzt folgenden Satz:

Wenn $u_1(x) + u_2(x) + u_3(x) + \ldots$ in $\langle a, b\rangle$ gleichmäßig konvergiert und jedes $u_n(x)$ integrierbar ist, so ist auch die Summe der Reihe in $\langle a, b\rangle$ integrierbar.

Aus der gleichmäßigen Konvergenz folgt, daß fast alle Reste in $\langle a, b\rangle$ ihrem Betrage nach durchweg kleiner als δ sind. δ ist eine positive Zahl, die man nach Belieben gewählt hat.

Gäbe es nämlich ein Ausnahme-Delta, etwa δ_0, so hätten wir in $R_1(x), R_2(x), R_3(x), \ldots$ eine Teilfolge

$$\bar{R}_1(x),\ \bar{R}_2(x),\ \bar{R}_3(x),\ \ldots$$

derart, daß jedes $\bar{R}_n(x)$ an irgend einer Stelle $\bar{x}_n$ in $\langle a, b\rangle$ seinem Betrage nach mindestens gleich δ_0 ist. Bei passender Wahl von $x_1, x_2, x_3, \ldots$ wären also in $R_1(x_1), R_2(x_2), R_3(x_3), \ldots$ unendlich viele Glieder ihrem Betrage nach größer oder gleich δ_0, während doch $\lim R_n(x_n) = 0$ sein soll.

Um nun den obigen Satz zu beweisen, wähle man ν so, daß für $a \leqq x \leqq b$

$$|R_\nu(x)| < \delta$$

ist. Da die Funktionen $u_1(x), \ldots u_{\nu-1}(x)$ in $\langle a, b\rangle$ integrierbar sind, gibt es eine Zahl K, so daß man für $a \leqq x \leqq b$

$$|u_1(x)| < K,\ \ldots,\ |u_{\nu-1}(x)| < K$$

hat. Da

$$s(x) = u_1(x) + \ldots u_{\nu-1}(x) + R_\nu(x)$$

ist, so wird

$$|s(x)| < (\nu - 1)K + \delta.$$

$s(x)$ ist also in $\langle a, b\rangle$ beschränkt.

Wir müssen jetzt noch zeigen, daß $s(x)$ auch die zweite Riemannsche Bedingung erfüllt. $\sigma(\mathfrak{Z}), \sigma_1(\mathfrak{Z}), \ldots, \sigma_{\nu-1}(\mathfrak{Z})$ seien die mittleren Schwankungen von $s(x), u_1(x), \ldots, u_{\nu-1}(x)$ in den Teilintervallen von $\mathfrak{Z}$. Dann hat man

$$\sigma(\mathfrak{Z}) < \sigma_1(\mathfrak{Z}) + \ldots + \sigma_{\nu-1}(\mathfrak{Z}) + 2\delta.$$

Denn $R_\nu(x)$ hat in jedem Teilintervall eine Schwankung, die kleiner als 2δ ist. Nun sei $\mathfrak{Z}_1, \mathfrak{Z}_2, \mathfrak{Z}_3, \ldots$ eine ausgezeichnete $\mathfrak{Z}$-Folge. Da wegen der Integrierbarkeit von $u_1(x), \ldots, u_{\nu-1}(x)$

$$\lim \sigma_1(\mathfrak{Z}_n) = 0,\ \ldots,\ \lim \sigma_{\nu-1}(\mathfrak{Z}_n) = 0$$

ist, so hat man für fast alle $\mathfrak{Z}_n$

$$\sigma_1(\mathfrak{Z}_n) + \ldots + \sigma_{\nu-1}(\mathfrak{Z}_n) < \delta.$$

Fast alle $\sigma(\mathfrak{Z}_n)$ sind also kleiner als 3δ. Dies bedeutet aber, da δ eine beliebig gewählte positive Zahl ist,

$$\lim \sigma(\mathfrak{Z}_n) = 0.$$

Bisher haben wir nur benutzt, daß zu jedem positiven δ ein Rest existiert, der in $\langle a, b\rangle$ seinem Betrage nach kleiner als δ ist. Wir haben also weniger gefordert als die gleichmäßige Konvergenz. Jetzt aber werden wir die gleichmäßige Konvergenz in vollem Maße in Anspruch nehmen.

Da $s(x)$, $u_1(x)$, $u_2(x)$, ... in $\langle a, b\rangle$ integrierbar sind, gilt dies auch von allen Resten $R_1(x)$, $R_2(x)$, $R_3(x)$, ... Aus

$$s(x) = u_1(x) + \ldots + u_{\nu-1}(x) + R_\nu(x)$$

können wir also schließen

$$\int_a^b s(x)\,dx = \int_a^b u_1(x)\,dx + \ldots + \int_a^b u_{\nu-1}(x)\,dx + \int_a^b R_\nu(x)\,dx.$$

Wenn nun in dem ganzen Intervall $\langle a, b\rangle$

$$|R_\nu(x)| < \delta$$

ist, so folgt

$$\left|\int_a^b R_\nu(x)\,dx\right| \leqq \delta(b-a).$$

Wegen der gleichmäßigen Konvergenz erfüllen fast alle Reste in $\langle a, b\rangle$ die obige Ungleichung, also fast alle Summen

$$S_n = \int_a^b u_1(x)\,dx + \ldots + \int_a^b u_n(x)\,dx \quad (n = 1, 2, 3, \ldots)$$

die Ungleichung

$$\left|\int_a^b s(x)\,dx - S_n\right| < \delta(b-a).$$

Darin liegt aber, da δ eine beliebig gewählte positive Zahl bedeutet daß

$$\int_a^b s(x)\,dx = \lim S_n$$

ist, oder

$$\int_a^b \{u_1(x) + u_2(x) + \ldots\}\,dx = \int_a^b u_1(x)\,dx + \int_a^b u_2(x)\,dx + \ldots$$

Man findet also das Integral einer gleichmäßig konvergenten Reihe, indem man gliedweise integriert.

Wir beweisen jetzt noch folgenden Satz:

Wenn die Reihe $u_1(x) + u_2(x) + u_3(x) + \ldots$ in $\langle a, b\rangle$ gleichmäßig konvergiert und alle ihre Glieder an der Stelle x_0 in $\langle a, b\rangle$ stetig sind, so ist auch die Summe der Reihe daselbst stetig.

$R_\nu(x)$ sei in $\langle a, b\rangle$ seinem Betrage nach kleiner als $\frac{\delta}{3}$. Hat man $\lim x_n = x_0$ $(a \leqq x_n \leqq b)$, so wird

$$\lim s_{\nu-1}(x_n) = \lim \{u_1(x_n) + \ldots + u_{\nu-1}(x_n)\} = s_{\nu-1}(x_0).$$

Fast alle $s_{\nu-1}(x_n)$ weichen also von $s_{\nu-1}(x_0)$ um weniger als $\frac{\delta}{3}$ ab. Da nun

$$s(x_n) - s(x_0) = s_{\nu-1}(x_n) - s_{\nu-1}(x_0) + R_\nu(x_n) - R_\nu(x_0),$$

also

$$|s(x_n) - s(x_0)| \leqq |s_{\nu-1}(x_n) - s_{\nu-1}(x_0)| + |R_\nu(x_n)| + |R_\nu(x_0)|$$

ist, so erfüllen fast alle $s(x_n)$ die Ungleichung

$$|s(x_n) - s(x_0)| < \delta.$$

Man hat also

$$\lim s(x_n) = s(x_0).$$

Auch hier wird nur gefordert, daß es zu jedem positiven δ einen Rest $R_\nu(x)$ gibt, der in $\langle a, b\rangle$ seinem Betrage nach kleiner als δ ist. Es wird also weniger gefordert als die gleichmäßige Konvergenz.

Die Reihe $u_1(x) + u_2(x) + u_3(x) + \ldots$ sei in $\langle a, b\rangle$ überall konvergent und ihre Glieder seien in $\langle a, b\rangle$ stetig und nirgends negativ. Weiß man, daß die Summe der Reihe in $\langle a, b\rangle$ stetig ist, so kann man schließen, daß die Reihe in $\langle a, b\rangle$ gleichmäßig konvergiert.[1]

Hier ist also die gleichmäßige Konvergenz nicht nur hinreichend, sondern auch notwendig für die Stetigkeit der Summe.

Da $s(x)$, $u_1(x)$, $u_2(x)$, ... stetig sind, gilt dies auch von allen Resten $R_1(x)$, $R_2(x)$, ... Nach § 1 hat $R_n(x)$ in $\langle a, b\rangle$ einen größten Wert $R_n(\xi_n)$. Wir brauchen nur zu zeigen, daß

$$\lim R_n(\xi_n) = 0$$

ist. Daraus folgt in der Tat

$$\lim R_n(x_n) = 0,$$

wie man auch $x_1, x_2, x_3, \ldots$ in $\langle a, b\rangle$ wählt; denn man hat

$$0 \leqq R_n(x_n) \leqq R_n(\xi_n).$$

Aus den Ungleichungen

$$R_n(\xi_n) \geqq R_n(\xi_{n+1}) = u_n(\xi_{n+1}) + R_{n+1}(\xi_{n+1}) \geqq R_{n+1}(\xi_{n+1})$$

[1] Daß umgekehrt aus der gleichmäßigen Konvergenz die Stetigkeit der Summe folgt, sieht man aus dem vorigen Satze.

ergibt sich, daß

$$R_1(\xi_1),\ R_2(\xi_2),\ R_3(\xi_3),\ \ldots$$

eine absteigende Folge ist. Da kein Glied negativ, die Folge also beschränkt ist, existiert

$$\lim R_n(\xi_n) = \varrho .$$

Die beschränkte Folge $\xi_1, \xi_2, \xi_3, \ldots$ hat mindestens einen Häufungswert ξ, und wir können die Teilfolge $\bar{\xi}_1, \bar{\xi}_2, \bar{\xi}_3, \ldots$ in $\xi_1, \xi_2, \xi_3, \ldots$ so wählen, daß

$$\lim \bar{\xi}_n = \xi$$

ist. $\bar{R}_1(\bar{\xi}_1), \bar{R}_2(\bar{\xi}_2), \bar{R}_3(\bar{\xi}_3), \ldots$ sei die entsprechende Teilfolge von $R_1(\xi_1)$, $R_2(\xi_2)$, $R_3(\xi_3), \ldots$ Dann hat man für $n \geqq m$

$$R_m(\bar{\xi}_n) \geqq \bar{R}_n(\bar{\xi}_n),$$

weil $\bar{R}_n(x)$ ein Rest von $R_m(x)$ ist. Bei festgehaltenem m ergibt sich hieraus

$$\lim R_m(\bar{\xi}_n) = R_m(\xi) \geqq \lim \bar{R}_n(\bar{\xi}_n) = \varrho .$$

Da wegen der Konvergenz der Reihe $u_1(x) + u_2(x) + u_3(x) + \ldots$

$$\lim R_m(\xi) = 0$$

ist, so folgt $\varrho = 0$.

§ 14. Transformation des einfachen Integrals.

$\varphi(u)$ habe in $\langle \alpha, \beta \rangle$ eine Ableitung $\varphi'(u)$, die nirgends negativ ist. Dann ist $\varphi(u)$ in $\langle \alpha, \beta \rangle$ aufsteigend, wie man aus dem Mittelwertsatz der Differentialrechnung

$$\varphi(u+h) - \varphi(u) = h\,\varphi'(u + \vartheta h)$$
$$(0 < \vartheta < 1)$$

entnehmen kann.

Setzen wir

$$x = \varphi(u),$$

so entspricht dem Intervall $\langle \alpha, \beta \rangle$ bei u das Intervall $\langle a, b \rangle$ bei x.[1] Einer Zerlegung $\mathfrak{Z}$ von $\langle \alpha, \beta \rangle$ entspricht eine Zerlegung $\bar{\mathfrak{Z}}$ von $\langle a, b \rangle$, δ sei das Maximalintervall von $\mathfrak{Z}$ und $\bar{\delta}$ das von $\bar{\mathfrak{Z}}$. Wegen der Stetigkeit von $\varphi(u)$ folgt aus $\lim \delta = 0$

$$\lim \bar{\delta} = 0 .$$

Einer ausgezeichneten Zerlegungsfolge in $\langle \alpha, \beta \rangle$ entspricht hiernach eine ausgezeichnete Zerlegungsfolge in $\langle a, b \rangle$.

[1] $a = \varphi(\alpha)$, $b = \varphi(\beta)$.

Wir wollen jetzt annehmen, daß die Integrale

$$\int_a^b f(x)\,dx \quad \text{und} \quad \int_\alpha^\beta f(\varphi(u))\,\varphi'(u)\,du$$

existieren, und zeigen, daß sie beide gleich sind.

Die Teilintervalle von $\mathfrak{Z}$ seien

$$\langle \alpha, \xi_1 \rangle, \langle \xi_1, \xi_2 \rangle, \ldots, \langle \xi_{p-1}, \beta \rangle,$$

die von $\overline{\mathfrak{Z}}$

$$\langle a, x_1 \rangle, \langle x_1, x_2 \rangle, \ldots, \langle x_{p-1}, b \rangle.$$

Nach dem Mittelwertsatz der Differentialrechnung ist

$$\begin{aligned} x_1 - a &= (\xi_1 - \alpha)\,\varphi'(\bar{\xi}_1), \\ x_2 - x_1 &= (\xi_2 - \xi_1)\,\varphi'(\bar{\xi}_2), \\ &\cdots\cdots\cdots \\ b - x_{p-1} &= (\beta - \xi_{p-1})\,\varphi'(\bar{\xi}_p). \end{aligned}$$

$$(\alpha < \bar{\xi}_1 < \xi_1 < \cdots < \xi_{p-1} < \bar{\xi}_p < \beta)$$

Es wird also

$$\begin{aligned} &(x_1 - a) f(\bar{x}_1) + (x_2 - x_1) f(\bar{x}_2) + \ldots + (b - x_{p-1}) f(\bar{x}_p) \\ &= (\xi_1 - \alpha) f(\varphi(\bar{\xi}_1))\,\varphi'(\bar{\xi}_1) + (\xi_2 - \xi_1) f(\varphi(\bar{\xi}_2))\,\varphi'(\bar{\xi}_2) + \ldots \\ &\qquad + (\beta - \xi_{p-1}) f(\varphi'(\bar{\xi}_p))\,\varphi'(\bar{\xi}_p). \end{aligned}$$

Lassen wir $\mathfrak{Z}$ eine ausgezeichnete Zerlegungsfolge durchlaufen, so ergibt sich

$$\int_a^b f(x)\,dx = \int_\alpha^\beta f(\varphi(u))\,\varphi'(u)\,du.$$

§ 15. Abänderungen von $f(x)$, bei denen das Integral seinen Wert behält.

$f(x)$ sei in $\langle a, b \rangle$ integrierbar.

Wir wollen an gewissen Stellen die Funktionswerte abändern, aber dafür sorgen, daß $f(x)$ in $\langle a, b \rangle$ beschränkt bleibt.[1] Außerdem setzen wir voraus, daß die Stellen, an denen wir $f(x)$ durch eine andere Zahl ersetzt haben, eine Menge vom Inhalt Null bilden (vgl. S. 21, Fußnote 1).

Unter diesen Umständen läßt sich zeigen, daß $f(x)$ in $\langle a, b \rangle$ integrierbar bleibt und das Integral $\int_a^b f(x)\,dx$ seinen Wert behält.

---

[1] Ändert man $f(x)$ nur an einer endlichen Anzahl von Stellen ab, so ist die neue Funktion von selbst beschränkt und die Stellen bilden eine Menge vom Inhalt Null.

Wir bezeichnen die neue Funktion, die aus $f(x)$ durch die vorgenommenen Änderungen entsteht, mit $\bar{f}(x)$.

$\mathfrak{S}(\mathfrak{Z})$ sei eine Summe von $f(x)$ und $\bar{\mathfrak{S}}(\mathfrak{Z})$ entstehe aus $\mathfrak{S}(\mathfrak{Z})$, indem man überall f durch $\bar{f}$ ersetzt.

Wählen wir K so, daß in $\langle a, b\rangle$

$$|f(x)| < K, \quad |\bar{f}(x)| < K$$

ist, so wird

$$|\mathfrak{S}(\mathfrak{Z}) - \bar{\mathfrak{S}}(\mathfrak{Z})| \leqq 2 K \sigma .$$

Daraus folgt, wenn $\mathfrak{Z}$ eine ausgezeichnete $\mathfrak{Z}$-Folge durchläuft,

$$\lim \bar{\mathfrak{S}}(\mathfrak{Z}) = \int_a^b f(x)\, d x .$$

σ ist die Summe der Teilintervalle mit Änderungsstellen.

Zweites Kapitel.

Das Doppelintegral.

§ 16. Funktionen in einem zweidimensionalen Intervall.

Alle Zahlenpaare x, y, die den Bedingungen

$$a \leqq x \leqq b, \quad c \leqq y \leqq d$$

genügen, bilden ein zweidimensionales Intervall. Wir bezeichnen es mit

$$\langle a, b; \; c, d\rangle.$$

Betrachten wir x, y als Punktkoordinaten in bezug auf zwei rechtwinklige Achsen, so entspricht dem Intervall ein Rechteck, dessen Seiten parallel zu den Achsen sind.

Wenn jedem Zahlenpaar x, y aus $\langle a, b; c, d\rangle$ oder jedem Punkt des erwähnten Rechtecks eine Zahl $f(x, y)$ zugeordnet ist, so sagen wir, in $\langle a, b; c, d\rangle$ sei eine Funktion definiert.

Die Punkte, die in bezug auf drei Achsen im Raume die Koordinaten

$$x, \; y, \; f(x, y)$$

haben $(a \leqq x \leqq b, \; c \leqq y \leqq d)$, liefern die Bildfläche der Funktion $f(x, y)$

§ 17. Der Riemannsche Begriff des Doppelintegrals.

Wir zerlegen das Intervall $\langle a, b\rangle$ in die p Teilintervalle

$$\langle a, x_1\rangle, \; \langle x_1, x_2\rangle, \; \ldots, \; \langle x_{p-1}, b\rangle$$
$$(a < x_1 < \ldots < x_{p-1} < b)$$

und $\langle c, d\rangle$ in die q Teilintervalle

$$\langle c, y_1\rangle, \ \langle y_1, y_2\rangle, \ \ldots, \ \langle y_{q-1}, d\rangle.$$
$$(c < y_1 < \ldots < y_{q-1} < d)$$

Daraus ergibt sich eine Zerlegung $\mathfrak{Z}$ von $\langle a, b;\ c, d\rangle$ in die $p\,q$ Teile

$$\langle x_{\mu-1}, x_\mu;\ y_{\nu-1}, y_\nu\rangle.^1 \quad (\mu = 1, \ldots, p;\ \nu = 1, \ldots, q)$$

Geometrisch betrachtet entsteht sie dadurch, daß man zu den Achsen die Parallelen

$$x = x_\mu \quad \text{bzw.} \quad y = y_\nu$$

zieht (Fig. 2).

Wir wollen den Inhalt des Teilrechtecks $\langle x_{\mu-1}, x_\mu;\ y_{\nu-1}, y_\nu\rangle$ mit $r_{\mu\nu}$ bezeichnen und unter $\mathfrak{p}_{\mu\nu}$ einen Punkt verstehen, der in $\langle x_{\mu-1}, x_\mu;\ y_{\nu-1}, y_\nu\rangle$ liegt. $f(\mathfrak{p}_{\mu\nu})$ sei der Wert von $f(x, y)$ an der Stelle $\mathfrak{p}_{\mu\nu}$.[2]

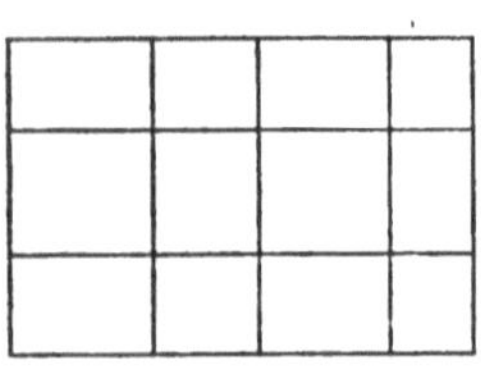

Fig. 2.

Die Summe

$$\mathfrak{S}(\mathfrak{Z}) = \sum_{\mu,\nu} f(\mathfrak{p}_{\mu\nu})\, r_{\mu\nu}$$
$$(\mu = 1, \ldots, p;\ \nu = 1, \ldots, q)$$

heiße eine zu $\mathfrak{Z}$ gehörige Summe von $f(x, y)$.

Wenn die Diagonalen der Teilrechtecke von $\mathfrak{Z}$ nicht größer als ε sind und wenigstens eine gleich ε ist, nennen wir ε die Maximaldiagonale von $\mathfrak{Z}$.

$\mathfrak{S}(\mathfrak{Z}_1), \mathfrak{S}(\mathfrak{Z}_2), \mathfrak{S}(\mathfrak{Z}_3), \ldots$ bezeichnen wir als eine ausgezeichnete Summenfolge, wenn $\lim \varepsilon_n = 0$ ist. $\mathfrak{Z}_1, \mathfrak{Z}_2, \mathfrak{Z}_3, \ldots$ nennen wir in diesem Falle eine ausgezeichnete Zerlegungsfolge.

$f(x, y)$ heißt in $\langle a, b;\ c, d\rangle$ integrierbar, wenn jede ausgezeichnete Summenfolge konvergent ist.

Alle diese Folgen streben dann einem gemeinsamen Grenzwert zu.[3] Ihn nennt man das über $\langle a, b;\ c, d\rangle$ erstreckte Integral von $f(x, y)$. Wir schreiben dafür

$$\iint\limits_{\langle a, b;\ c, d\rangle} f(x, y)\, dx\, dy \quad \text{oder kurz} \quad \iint f(x, y)\, dx\, dy.$$

Hier gilt ein ähnlicher Satz wie bei dem einfachen Integral:

Jedem positiven ε läßt sich ein positives η entgegenstellen, so daß die Ungleichung

[1] Wir setzen $a = x_0$, $b = x_p$, $c = y_0$, $d = y_q$.

[2] Sind x, y die Koordinaten des Punktes $\mathfrak{p}$, so schreiben wir auch später statt $f(x, y)$ einfach $f(\mathfrak{p})$.

[3] Sind $\mathfrak{S}(\mathfrak{Z}_1), \mathfrak{S}(\mathfrak{Z}_2), \ldots$ und $\mathfrak{S}(\mathfrak{Z}_1'), \mathfrak{S}(\mathfrak{Z}_2'), \ldots$ ausgezeichnete Summenfolgen, so gilt dasselbe von $\mathfrak{S}(\mathfrak{Z}_1), \mathfrak{S}(\mathfrak{Z}_1'), \mathfrak{S}(\mathfrak{Z}_2), \mathfrak{S}(\mathfrak{Z}_2'), \ldots$ Da alle Teilfolgen dieser konvergenten Zahlenfolge demselben Grenzwert zustreben, so ist $\lim \mathfrak{S}(\mathfrak{Z}_n) = \lim \mathfrak{S}(\mathfrak{Z}_n')$.

$$\left|\mathfrak{S}(\mathfrak{Z}) - \iint f(x, y)\, dx\, dy\right| < \varepsilon$$

gilt, sobald die Maximaldiagonale von $\mathfrak{Z}$ kleiner als η ist.

Gäbe es ein Ausnahme-Epsilon ε_0, so ließe sich, wenn wir z. B. $\eta = 1/n$ setzen, $\mathfrak{S}(\mathfrak{Z}_n)$ so wählen, daß

$$\left|\mathfrak{S}(\mathfrak{Z}_n) - \iint f(x, y)\, dx\, dy\right| \geqq \varepsilon_0$$

ist, obwohl die Maximaldiagonale von $\mathfrak{Z}_n$ kleiner als $1/n$ ist. $\mathfrak{S}(\mathfrak{Z}_1)$, $\mathfrak{S}(\mathfrak{Z}_2)$, $\mathfrak{S}(\mathfrak{Z}_3), \ldots$ wäre also eine ausgezeichnete Summenfolge, die nicht nach dem Integral konvergiert.

Aus dem obigen Satze folgt nun ähnlich wie in § 6, daß $f(x, y)$ in $\langle a, b; c, d\rangle$ beschränkt ist, d. h. daß es ein Intervall $\langle A, B\rangle$ gibt, in dem alle Funktionswerte $f(x, y)$ liegen, die in $\langle a, b; c, d\rangle$ vorkommen.

Wir sagen, daß die Schwankung von $f(x, y)$ in einem Intervall $\langle \alpha, \beta; \gamma, \delta\rangle$ größer als σ ist ($\sigma > 0$), wenn sich die Punkte $\mathfrak{p}$ und $\mathfrak{p}'$ so in $\langle \alpha, \beta; \gamma, \delta\rangle$ wählen lassen, daß

$$f(\mathfrak{p}) - f(\mathfrak{p}') > \sigma$$

wird.

$\mathfrak{Z}$ sei eine Zerlegung von $\langle a, b; c, d\rangle$ und τ die Summe der Teilrechtecke, in denen die Schwankung von $f(x, y)$ sich größer als σ erweist.

Wir wollen aus dem Ausdruck $\mathfrak{S}(\mathfrak{Z})$ zwei neue Ausdrücke $\overline{\mathfrak{S}}(\mathfrak{Z})$ und $\underline{\mathfrak{S}}(\mathfrak{Z})$ ableiten, und zwar in folgender Weise. In jedem Teilrechteck $\langle \alpha, \beta; \gamma, \delta\rangle$, wo die Schwankung größer als σ ist, wählen wir $\mathfrak{p}$ und $\mathfrak{p}'$ so, daß $f(\mathfrak{p}) - f(\mathfrak{p}') > \sigma$ wird, und ersetzen das zugehörige Glied von $\mathfrak{S}(\mathfrak{Z})$ das eine Mal durch

$$(\beta - \alpha)(\delta - \gamma) f(\mathfrak{p}),$$

das andere Mal durch

$$(\beta - \alpha)(\delta - \gamma) f(\mathfrak{p}').$$

Hieraus ergibt sich

$$\overline{\mathfrak{S}}(\mathfrak{Z}) - \underline{\mathfrak{S}}(\mathfrak{Z}) > \tau\sigma.$$

Läßt man $\mathfrak{Z}$ eine ausgezeichnete Zerlegungsfolge durchlaufen, so wird, wenn $f(x, y)$ in $\langle a, b; c, d\rangle$ integrierbar ist,

$$\lim \overline{\mathfrak{S}}(\mathfrak{Z}) = \lim \underline{\mathfrak{S}}(\mathfrak{Z}) = \iint f(x, y)\, dx\, dy,$$

mithin

$$\lim \tau = 0.$$

Folgende Bedingungen sind also für die Integrierbarkeit von $f(x, y)$ in $\langle a, b; c, d\rangle$ notwendig:

1. $f(x, y)$ ist in $\langle a, b; c, d\rangle$ beschränkt.

2. Ist $\mathfrak{Z}_1, \mathfrak{Z}_2, \mathfrak{Z}_3, \ldots$ eine ausgezeichnete Zerlegungsfolge für $\langle a, b; c, d\rangle$, so hat man $\lim \tau_n = 0$. Dabei bedeutet τ_n die Summe der Teilrechtecke von $\mathfrak{Z}_n$, in denen die Schwankung von $f(x, y)$ größer als σ ist. Die positive Zahl σ darf man beliebig wählen.

Diese beiden Bedingungen sind aber auch **hinreichend.**

Um das zu beweisen vergleichen wir zwei Summen $\mathfrak{S}(\mathfrak{Z})$ und $\mathfrak{S}(\mathfrak{Z}')$. $\bar{\mathfrak{Z}}$ sei die Zerlegung von $\langle a, b;\ c, d\rangle$, die man erhält, wenn man die Teilungslinien von $\mathfrak{Z}$ und von $\mathfrak{Z}'$ gleichzeitig benutzt. $\mathfrak{S}(\bar{\mathfrak{Z}})$ sei eine zu $\bar{\mathfrak{Z}}$ gehörige Summe.

Da $f(x, y)$ in $\langle a, b;\ c, d\rangle$ beschränkt ist, läßt sich M so wählen, daß in diesem ganzen Intervall

$$|f(x, y)| \leqq M$$

ist. Bedeutet nun τ (τ') die Summe der Teilrechtrecke von $\mathfrak{Z}$ ($\mathfrak{Z}'$), in denen die Schwankung von $f(x, y)$ größer als σ ist ($\sigma > 0$), so hat man

$$|\mathfrak{S}(\mathfrak{Z}) - \mathfrak{S}(\bar{\mathfrak{Z}})| \leqq 2\tau M + \sigma(b-a)(d-c)$$

und

$$|\mathfrak{S}(\mathfrak{Z}') - \mathfrak{S}(\bar{\mathfrak{Z}})| \leqq 2\tau' M + \sigma(b-a)(d-c),$$

mithin

$$|\mathfrak{S}(\mathfrak{Z}) - \mathfrak{S}(\mathfrak{Z}')| \leqq 2(\tau + \tau')M + 2\sigma(b-a)(d-c).$$

Nun sei $\mathfrak{S}(\mathfrak{Z}_1), \mathfrak{S}(\mathfrak{Z}_2), \mathfrak{S}(\mathfrak{Z}_3), \ldots$ eine beliebige ausgezeichnete Summenfolge und $\mathfrak{S}(\mathfrak{Z}_1'), \mathfrak{S}(\mathfrak{Z}_2'), \mathfrak{S}(\mathfrak{Z}_3'), \ldots$ irgend eine Teilfolge von ihr. Da $\lim \tau_n = 0$ ist, so wird bei fast allen $\mathfrak{Z}_n$ das τ_n, also auch bei fast allen $\mathfrak{Z}_n'$ das τ_n' kleiner als σ sein.[1] Daher erfüllen fast alle $\mathfrak{S}(\mathfrak{Z}_n) - \mathfrak{S}(\mathfrak{Z}_n')$ die Ungleichung

$$|\mathfrak{S}(\mathfrak{Z}_n) - \mathfrak{S}(\mathfrak{Z}_n')| < 2\sigma\{(b-a)(d-c) + 2M\}.$$

σ ist aber eine beliebig gewählte positive Zahl. Wir können also schließen, daß

$$\lim\{\mathfrak{S}(\mathfrak{Z}_n) - \mathfrak{S}(\mathfrak{Z}_n')\} = 0$$

ist. Die Folge $\mathfrak{S}(\mathfrak{Z}_1), \mathfrak{S}(\mathfrak{Z}_2), \mathfrak{S}(\mathfrak{Z}_3), \ldots$ genügt demnach unserem Konvergenzkriterium auf S. 2.

Wenn die Bedingung 2 für eine spezielle ausgezeichnete Zerlegungsfolge erfüllt ist, so ist sie es für jede solche Folge.

$\mathfrak{Z}_1, \mathfrak{Z}_2, \mathfrak{Z}_3, \ldots$ sei eine ausgezeichnete Zerlegungsfolge mit der Eigenschaft $\lim \tau_n = 0$ und $\mathfrak{Z}_1', \mathfrak{Z}_2', \mathfrak{Z}_3', \ldots$ irgend eine andere ausgezeichnete Zerlegungsfolge. Die Teilrechtecke von $\mathfrak{Z}_n'$ zerfallen in bezug auf $\mathfrak{Z}_\nu$ in zwei Klassen:

1. solche, die in einem der pq Teilrechtecke von $\mathfrak{Z}_\nu$ enthalten sind,
2. solche, die diese Eigenschaft nicht haben.

Die Summe der Rechtecke zweiter Klasse ist kleiner als

$$\{(p-1)(d-c) + (q-1)(b-a)\}\eta_n'.$$

Mit η_n' bezeichnen wir die Maximaldiagonale von $\mathfrak{Z}_n'$.

Offenbar gilt die Ungleichung

$$\tau_n' < \tau_\nu + \{(p-1)(d-c) + (q-1)(b-a)\}\eta_n'.$$

---

[1] τ_n ist die Summe der Teilrechtecke von $\mathfrak{Z}_n$, in denen die Schwankung sich größer als σ erweist. Dieselbe Bedeutung hat τ_n' für $\mathfrak{Z}_n'$.

Wegen $\lim \tau_n = 0$ läßt sich ν so wählen, daß $\tau_\nu < \frac{\varepsilon}{2}$ ist ($\varepsilon > 0$). Dann sind fast alle τ_n' kleiner als ε (weil $\lim \eta_n' = 0$). Damit haben wir bewiesen, daß $\lim \tau_n' = 0$ ist.

$\langle \alpha, \beta; \gamma, \delta \rangle$ sei in $\langle a, b; c, d \rangle$ enthalten und $f(x, y)$ in $\langle a, b; c, d \rangle$ integrierbar. Dann läßt sich zeigen, daß $f(x, y)$ auch in $\langle \alpha, \beta; \gamma, \delta \rangle$ integrierbar ist. Die erste Bedingung, die der Beschränktheit, ist erfüllt. Was die zweite Bedingung anbetrifft, so sei $\mathfrak{Z}_1, \mathfrak{Z}_2, \mathfrak{Z}_3, \ldots$ eine ausgezeichnete Folge von Zerlegungen des Rechtecks $\langle a, b; c, d \rangle$, die alle die Teilungslinien $x = \alpha$, $x = \beta$ und $y = \gamma$, $y = \delta$ benutzen. Ist τ_n bzw. $\bar{\tau}_n$ die Summe der Teilrechtecke von $\langle a, b; c, d \rangle$ bzw. $\langle \alpha, \beta; \gamma, \delta \rangle$, in denen die Schwankung von $f(x, y)$ sich größer als σ erweist, so hat man

$$\bar{\tau}_n \leqq \tau_n.$$

Aus $\lim \tau_n = 0$ folgt somit

$$\lim \bar{\tau}_n = 0.$$

Ist die Funktion $f(x, y)$ in jedem Teilrechteck von $\mathfrak{Z}$ integrierbar, so ist sie es auch in $\langle a, b; c, d \rangle$. Um sich zu überzeugen, daß in $\langle a, b; c, d \rangle$ auch die zweite Bedingung erfüllt ist, benutze man einfach eine ausgezeichnete $\mathfrak{Z}$-Folge $\mathfrak{Z}_1, \mathfrak{Z}_2, \mathfrak{Z}_3, \ldots$, deren Glieder aus $\mathfrak{Z}$ durch Weiterteilung entstehen. Dann zerfällt τ_n in so viele nach Null konvergierende Bestandteile, als $\mathfrak{Z}$ Teilrechtecke enthält.

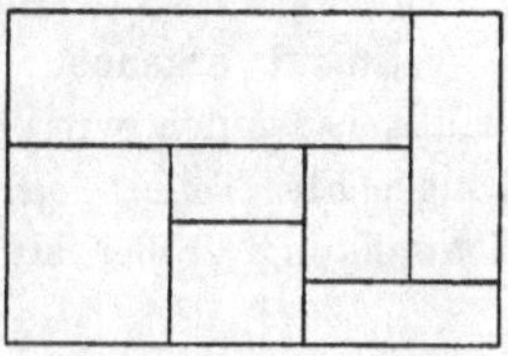
Fig. 3.

$\mathfrak{S}(\mathfrak{Z}_n)$ zerlegt sich in Summanden, die Summen von $f(x, y)$ für die einzelnen Teilrechtecke von $\mathfrak{Z}$ sind. Daraus folgt

$$\iint\limits_{\langle a, b; c, d \rangle} f(x, y)\, dx\, dy = \sum \iint\limits_{\langle \alpha, \beta; \gamma, \delta \rangle} f(x, y)\, dx\, dy,$$

wobei sich die Summation über alle Teilrechtecke $\langle \alpha, \beta; \gamma, \delta \rangle$ von $\mathfrak{Z}$ erstreckt.

$\mathfrak{T}$ bedeute eine Zerlegung von $\langle a, b; c, d \rangle$ in Teilrechtecke, wie Fig. 3 sie versinnlicht, also eine Zerlegung in Rechtecke $\langle \alpha, \beta; \gamma, \delta \rangle$, deren Seiten parallel zu den Achsen sind. Verlängert man die Seiten dieser Teilrechtecke, so entsteht eine Zerlegung $\mathfrak{Z}$ von der früher betrachteten Art. Falls $f(x, y)$ in $\langle a, b; c, d \rangle$ integrierbar ist, hat man

$$\iint\limits_{\langle \alpha, \beta; \gamma, \delta \rangle} f(x, y)\, dx\, dy = \sum \iint\limits_{\langle \alpha', \beta'; \gamma', \delta' \rangle} f(x, y)\, dx\, dy,$$

wobei sich die Summation über alle Teilrechtecke von $\mathfrak{Z}$ erstreckt, die in $\langle \alpha, \beta; \gamma, \delta \rangle$ liegen. Hieraus ergibt sich

$$\sum_{\langle \alpha, \beta;\, \gamma, \delta \rangle} \iint f(x, y)\, d x\, d y = \iint_{\langle a, b;\, c, d \rangle} f(x, y)\, d x\, d y\,.$$

Wenn die Funktion $f(x, y)$ in jedem $\langle \alpha, \beta;\ \gamma, \delta \rangle$ integrierbar ist, so ist sie es auch in jedem $\langle \alpha', \beta';\ \gamma', \delta' \rangle$, folglich auch in $\langle a, b;\ c, d \rangle$. Die obige Zerlegungsformel gilt also, sobald das Integral der rechten Seite oder jedes Integral der linken Seite existiert.

§ 18. Beispiele integrierbarer Funktionen.

1. Die Funktion $f(x, y)$ ist in $\langle a, b;\ c, d \rangle$ integrierbar, wenn sie sowohl bei festgehaltenem x als auch bei festgehaltenem y aufsteigend[1] ist.

In der Tat liegen dann alle Funktionswerte

$$f(x, y_0) \qquad (c \leqq y_0 \leqq d)$$

in dem Intervall $\langle f(a, y_0), f(b, y_0) \rangle$, alle $f(a, y)$ in $\langle f(a, c), f(a, d) \rangle$ und alle $f(b, y)$ in $\langle f(b, c), f(b, d) \rangle$. In jedem Intervall, das die vier Zahlen

$$f(a, c),\ f(a, d),\ f(b, c),\ f(b, d)$$

enthält, liegen also alle Funktionswerte $f(x, y)$, d. h. die Funktion ist beschränkt.

Um zu erkennen, ob die zweite Bedingung für die Integrierbarkeit erfüllt ist, teilen wir $\langle a, b;\ c, d \rangle$ durch Parallelen zu den Achsen in p^2 kongruente Teile. $\langle \alpha, \beta;\ \gamma, \delta \rangle$ sei ein Teilintervall, in welchem die Schwankung größer als σ ist. Dann hat man

$$f(\beta, \delta) - f(\alpha, \gamma) > \sigma.$$

Gibt es q Teilintervalle mit dieser Eigenschaft, so hat man

$$\sum \{ f(\beta, \delta) - f(\alpha, \gamma) \} > q\, \sigma\,.$$

Auf der linken Seite heben sich alle Glieder fort, die zu Punkten im Innern von $\langle a, b;\ c, d \rangle$ gehören. Es bleiben nur $4p - 2$ Glieder übrig. Ist also in $\langle a, b;\ c, d \rangle$ $|f(x, y)|$ kleiner als M, so hat man

$$q\, \sigma < (4p - 2)\, M$$

und daher

$$\tau = q\, \frac{(b - a)\,(d - c)}{p^2} < \frac{(4p - 2)\, M}{\sigma\, p^2}\,.$$

Daraus ersieht man aber, daß $\lim \tau = 0$ ist, wenn p die Folge 1, 2, 3, ... durchläuft.

2. Ein zweites Beispiel integrierbarer Funktionen liefern uns die stetigen Funktionen.

Wir sagen von der in $\langle a, b;\ c, d \rangle$ definierten Funktion $f(x, y)$, daß sie an der Stelle $\mathfrak{p}_0$ stetig ist, wenn immer

[1] Oder absteigend oder auch bei festgehaltenem x aufsteigend (absteigend) und bei festgehaltenem y absteigend (aufsteigend).

$$\lim f(\mathfrak{p}_n) = f(\mathfrak{p}_0)$$

ist, sobald

$$\lim \mathfrak{p}_n = \mathfrak{p}_0 .$$

Dabei sind $\mathfrak{p}_1, \mathfrak{p}_2, \mathfrak{p}_3, \ldots$ wie $\mathfrak{p}_0$ Punkte aus $\langle a, b;\, c, d\rangle$. $\lim \mathfrak{p}_n = \mathfrak{p}_0$ ist eine abgekürzte Schreibweise für

$$\lim x_n = x_0 , \quad \lim y_n = y_0 .$$

x_0, y_0 sind die Koordinaten von $\mathfrak{p}_0$ und x_n, y_n die von $\mathfrak{p}_n$.

Es gilt hier ein ähnlicher Satz wie Satz 2 in § 1.

Wenn $f(x, y)$ in $\langle a, b\colon c, d\rangle$ stetig ist, so folgt aus

$$\lim \overline{\mathfrak{p}_n \mathfrak{q}_n} = 0$$

immer

$$\lim \{ f(\mathfrak{p}_n) - f(\mathfrak{q}_n) \} = 0 .$$

$\mathfrak{p}_1, \mathfrak{p}_2, \mathfrak{p}_3, \ldots$ und $\mathfrak{q}_1, \mathfrak{q}_2, \mathfrak{q}_3, \ldots$ sind Punktfolgen aus $\langle a, b;\, c, d\rangle$, und $\overline{\mathfrak{p}_n \mathfrak{q}_n}$ ist die Entfernung zwischen $\mathfrak{p}_n$ und $\mathfrak{q}_n$.

Wäre der Satz nicht richtig, so ließe sich eine positive Zahl ε so wählen, daß unendlich viele Glieder der Folge $|f(\mathfrak{p}_1) - f(\mathfrak{q}_1)|$, $|f(\mathfrak{p}_2) - f(\mathfrak{q}_2)|, \ldots$, also etwa

$$|f(\mathfrak{p}_1') - f(\mathfrak{q}_1')|, \quad |f(\mathfrak{p}_2') - f(\mathfrak{q}_2')|, \ldots$$

größer als ε wären. x_n', y_n' seien die Koordinaten von $\mathfrak{p}_n'$ und $\mathfrak{x}_n', \mathfrak{y}_n'$ die von $\mathfrak{q}_n'$. Wir heben aus $x_1', x_2', x_3', \ldots$ die konvergente Teilfolge $\bar{x}_1, \bar{x}_2, \bar{x}_3, \ldots$ heraus und aus[1] $\bar{y}_1, \bar{y}_2, \bar{y}_3, \ldots$ die konvergente Teilfolge $\hat{y}_1, \hat{y}_2, \hat{y}_3, \ldots$ Setzen wir $\lim \hat{x}_n = x_0$, $\lim \hat{y}_n = y_0$ und bezeichnen die Punkte $(\hat{x}_n, \hat{y}_n)$, $(\hat{\mathfrak{x}}_n, \hat{\mathfrak{y}}_n)$, (x_0, y_0) mit $\hat{\mathfrak{p}}_n, \hat{\mathfrak{q}}_n, \mathfrak{p}_0$, so ist[2]

$$\lim \hat{\mathfrak{p}}_n = \mathfrak{p}_0$$

und wegen $\lim \overline{\mathfrak{p}_n \mathfrak{q}_n} = 0$ auch

$$\lim \hat{\mathfrak{q}}_n = \mathfrak{p}_0 .$$

Weil wir nun $f(x, y)$ als stetig voraussetzen, muß

$$\lim f(\hat{\mathfrak{p}}_n) = \lim f(\hat{\mathfrak{q}}_n) = f(\mathfrak{p}_0)$$

sein, also

$$\lim \{ f(\hat{\mathfrak{p}}_n) - f(\hat{\mathfrak{q}}_n) \} = 0 ,$$

während doch andererseits

$$|f(\hat{\mathfrak{p}}_n) - f(\hat{\mathfrak{q}}_n)| > \varepsilon$$

ist.

Eine zweite Eigenschaft der stetigen Funktionen, die wir hier auch gleich erwähnen wollen, ist folgende: Wenn $f(x, y)$ in $\langle a, b;\, c, d\rangle$ stetig ist, so gibt es unter ihren Werten einen größten und einen kleinsten.

---

[1] Entsprechende Teilfolgen werden in entsprechender Weise bezeichnet.

[2] Man sieht, daß in jeder beschränkten Punktfolge der Ebene konvergente Teilfolgen stecken. Beschränkte Punktfolgen sind solche, die sich in ein Rechteck einschließen lassen.

Der Beweis wird nach dem Muster in Satz 1 des § 1 geführt.

Ist das Rechteck $\langle \alpha, \beta; \gamma, \delta \rangle$ in $\langle a, b; c, d \rangle$ enthalten, so heißt es ein **ausgezeichneter** Teil von $\langle a, b; c, d \rangle$, wenn es in $\langle \alpha, \beta; \gamma, \delta \rangle$ mindestens ebenso große Funktionswerte gibt, wie in $\langle a, b; c, d \rangle$, wenn also kein Funktionswert in $\langle a, b; c, d \rangle$ vorkommt, der alle Funktionswerte in $\langle \alpha, \beta; \gamma, \delta \rangle$ übertrifft.

Teilt man $\langle a, b; c, d \rangle$ dadurch in vier Teile, daß man die Mitten der gegenüberliegenden Seiten verbindet, so ist wenigstens eins dieser Viertel, etwa $\langle a_1, b_1; c_1, d_1 \rangle$ ein ausgezeichneter Teil von $\langle a, b; c, d \rangle$. Ebenso gibt es in $\langle a_1, b_1; c_1, d_1 \rangle$ ein ausgezeichnetes Viertel $\langle a_2, b_2; c_2, d_2 \rangle$ usw.

Jetzt sind $a_1, a_2, a_3, \ldots$ und $c_1, c_2, c_3, \ldots$ aufsteigende, $b_1, b_2, b_3, \ldots$ und $d_1, d_2, d_3, \ldots$ absteigende beschränkte Folgen, und man hat

$$\lim a_n = \lim b_n = x_0, \qquad (a_n \leqq x_0 \leqq b_n)$$

$$\lim c_n = \lim d_n = y_0. \qquad (c_n \leqq y_0 \leqq d_n)$$

Nun sei $\mathfrak{p}$ ein beliebiger Punkt in $\langle a, b; c, d \rangle$. Dann läßt sich in $\langle a_1, b_1; c_1, d_1 \rangle$ der Punkt $\mathfrak{p}_1$ so wählen, daß

$$f(\mathfrak{p}) \leqq f(\mathfrak{p}_1)$$

ist, ferner in $\langle a_2, b_2; c_2, d_2 \rangle$ der Punkt $\mathfrak{p}_2$ so, daß

$$f(\mathfrak{p}_1) \leqq f(\mathfrak{p}_2),$$

usw. Da nun offenbar

$$\lim \mathfrak{p}_n = \mathfrak{p}_0$$

ist, so hat man wegen der Stetigkeit

$$\lim f(\mathfrak{p}_n) = f(\mathfrak{p}_0).$$

$f(\mathfrak{p}), f(\mathfrak{p}_1), f(\mathfrak{p}_2), \ldots$ ist aber eine aufsteigende Folge und daher

$$\lim f(\mathfrak{p}_n) \geqq f(\mathfrak{p}),$$

d. h.

$$f(\mathfrak{p}_0) \geqq f(\mathfrak{p}).$$

Wendet man diese Betrachtung auf $-f(x, y)$ an, so ergibt sich die Existenz eines **kleinsten** Wertes von $f(x, y)$.

Jetzt ist es leicht, die Integrierbarkeit der stetigen Funktionen zu beweisen.

Die erste Bedingung ist erfüllt, weil es unter den Funktionswerten in $\langle a, b; c, d \rangle$ einen größten und einen kleinsten gibt.

Ist $\mathfrak{Z}_1, \mathfrak{Z}_2, \mathfrak{Z}_3, \ldots$ eine ausgezeichnete Zerlegungsfolge, so ist bei fast allen $\mathfrak{Z}_n$

$$\tau_n = 0.$$

τ_n bedeutet die Summe derjenigen Teilrechtecke von $\mathfrak{Z}_n$, in denen die Schwankung von $f(x, y)$ größer als σ ist $(\sigma > 0)$. Wäre bei unendlich vielen $\mathfrak{Z}_n$, etwa bei $\mathfrak{Z}_1', \mathfrak{Z}_2', \mathfrak{Z}_3', \ldots$ $\tau_n > 0$, so gäbe es in irgend einem Teilrechteck von $\mathfrak{Z}_n'$ zwei Punkte $\mathfrak{p}_n, \mathfrak{q}_n$ mit der Eigenschaft

$$f(\mathfrak{p}_n) - f(\mathfrak{q}_n) \geqq \sigma .$$

Andererseits wäre $\lim \overline{\mathfrak{p}_n \mathfrak{q}_n} = 0$ und daher $\lim \{f(\mathfrak{p}_n) - f(\mathfrak{q}_n)\} = 0$.

Die zweite RIEMANNsche Bedingung ist also auch erfüllt.

3. Wir wollen jetzt noch eine Klasse von unstetigen Funktionen angeben, die integrierbar sind.

Eine Stelle $\mathfrak{p}$ in $\langle a, b; c, d\rangle$, wo $f(x, y)$ nicht stetig ist, nennt man eine Unstetigkeitsstelle.

Ist $\mathfrak{Z}_1, \mathfrak{Z}_2, \mathfrak{Z}_3, \ldots$ eine ausgezeichnete Zerlegungsfolge und ω_n die Summe der Teilrechtecke von $\mathfrak{Z}_n$, die Unstetigkeitsstellen von $f(x, y)$ enthalten, so kann es sein, daß

$$\lim \omega_n = 0$$

ist.[1] In diesem Falle läßt sich, wenn außerdem $f(x, y)$ in $\langle a, b; c, d\rangle$ beschränkt ist, die Integrierbarkeit von $f(x, y)$ beweisen.

Wir können nämlich durch Hinzufügen neuer Teilungslinien aus $\mathfrak{Z}_n$ eine Zerlegung $\overline{\mathfrak{Z}}_n$ gewinnen, so daß

$$\bar{\tau}_n \leqq \omega_n .^2$$

Wir brauchen es nur so einzurichten, daß jedes Teilintervall von $\mathfrak{Z}_n$, in welchem f stetig ist, in Unterrechtecke zerfällt, die keinen Beitrag zu $\bar{\tau}_n$ liefern.

Aus $\lim \omega_n = 0$ folgt nun

$$\lim \bar{\tau}_n = 0 .$$

Zu der hier betrachteten Klasse von unstetigen Funktionen gehören z. B. alle diejenigen, die nur eine endliche Anzahl von Unstetigkeiten aufweisen.

4. Wenn $f(x, y)$ und $g(x, y)$ in $\langle a, b; c, d\rangle$ integrierbar sind, so gilt dasselbe von $f + g$, fg, $|f|$, $|g|$. Ist $f(x, y)$ in $\langle a, b; c, d\rangle$ integrierbar und seinem Betrage nach größer als $k\,(> 0)$, so ist auch $1 : f$ integrierbar.[3]

§ 19. Oberes und unteres Integral einer beschränkten Funktion.

Wenn $f(x, y)$ in $\langle a, b; c, d\rangle$ nur die erste Integrierbarkeitsbedingung erfüllt, so lassen sich ähnliche Betrachtungen anstellen wie in § 11.

Unter den Zahlen, die von keinem $f(x, y)$ übertroffen werden, gibt es eine kleinste, ebenso unter den Zahlen, die kein $f(x, y)$ übertreffen,

[1] Man sagt dann, daß die Unstetigkeitsstellen eine Menge vom Inhalt Null bilden.

[2] $\bar{\tau}_n$ ist die Summe der Teilrechtecke von $\mathfrak{Z}_n$, in denen die Schwankung von $f(x, y)$ sich größer als σ erweist.

[3] Den Beweis kann der Leser im Anschluß an § 8 selbst führen.

eine größte. Man nennt diese beiden Zahlen die obere bzw. untere Grenze von $f(x, y)$ in $\langle a, b;\ c, d\rangle$.

Jeder Zerlegung $\mathfrak{Z}$ von $\langle a, b;\ c, d\rangle$ lassen sich die beiden Ausdrücke

$$s(\mathfrak{Z}) = \sum (\beta - \alpha)(\delta - \gamma)\, m(\alpha, \beta;\ \gamma, \delta)$$

und

$$S(\mathfrak{Z}) = \sum (\beta - \alpha)(\delta - \gamma)\, M(\alpha, \beta;\ \gamma, \delta)$$

zuordnen.

Die Summation erstreckt sich über alle Teilrechtecke von $\mathfrak{Z}$ und $m(\alpha, \beta;\ \gamma, \delta)$ ist die untere Grenze, $M(\alpha, \beta;\ \gamma, \delta)$ die obere Grenze von $f(x, y)$ in $\langle \alpha, \beta;\ \gamma, \delta\rangle$.

Der früher betrachtete Ausdruck

$$\mathfrak{S}(\mathfrak{Z}) = \sum (\beta - \alpha)(\delta - \gamma) f(\bar{x}, \bar{y})$$
$$(\alpha \leqq \bar{x} \leqq \beta,\ \gamma \leqq \bar{y} \leqq \delta)$$

erfüllt offenbar die Ungleichungen

$$s(\mathfrak{Z}) \leqq \mathfrak{S}(\mathfrak{Z}) \leqq S(\mathfrak{Z}).$$

Wenn $\mathfrak{Z}$ eine ausgezeichnete Zerlegungsfolge durchläuft, so wird, da wir nur die erste Integrierbarkeitsbedingung als erfüllt annehmen, nicht immer $\lim \mathfrak{S}(\mathfrak{Z})$ existieren.

Dagegen existieren immer die beiden Grenzwerte

$$\lim s(\mathfrak{Z}) \quad \text{und} \quad \lim S(\mathfrak{Z}).$$

Den Beweis überlassen wir dem Leser. Er wird ganz nach dem Muster von § 11 geführt.

Man bezeichnet $\lim s(\mathfrak{Z})$ als das untere, $\lim S(\mathfrak{Z})$ als das obere Integral von $f(x, y)$ in $\langle a, b;\ c, d\rangle$.

Es gibt ausgezeichnete Summenfolgen $\mathfrak{S}(\mathfrak{Z}_1), \mathfrak{S}(\mathfrak{Z}_2), \mathfrak{S}(\mathfrak{Z}_3), \ldots$, die nach dem unteren, und auch solche, die nach dem oberen Integral konvergieren. Daraus ersieht man, daß im Falle der Integrierbarkeit das untere und das obere Integral gleich sind, und zwar sind sie gleich

$$\iint f(x, y)\, dx\, dy.$$

Die Begriffe Schwankung in einem Intervall, mittlere Schwankung in den Teilintervallen einer Zerlegung, mittlere Schwankung in einem Intervall auf die Funktion $f(x, y)$ zu übertragen (vgl. § 12), wird dem Leser keine Schwierigkeit bieten. Er wird dann finden, daß die beiden Integrierbarkeitsbedingungen sich auch so formulieren lassen:

$f(x, y)$ ist in $\langle a, b;\ c\ d\rangle$ beschränkt und hat die mittlere Schwankung Null.

§ 20. Zurückführung des Doppelintegrals auf einfache Integrale.

$f(x, y)$ sei in $\langle a, b;\ c, d\rangle$ integrierbar. Dann ist $f(x, y)$ beschränkt, und es existieren also nach § 11 die Integrale

$$\mathfrak{y}(x) = \underline{\int_c^d} f(x, y)\, dy \quad \text{und} \quad \mathfrak{Y}(x) = \overline{\int_c^d} f(x, y)\, dy .$$
$$(a \leqq x \leqq b)$$

Hat man nun

$$x_0 = a < x_1 < \ldots < x_{p-1} < b = x_p,$$
$$y_0 = c < y_1 < \ldots < y_{q-1} < d = y_q,$$

so ist nach § 11

$$\sum (y_\nu - y_{\nu-1})\, m_x(y_{\nu-1}, y_\nu) \leqq \mathfrak{y}(x) \leqq \mathfrak{Y}(x) \leqq \sum (y_\nu - y_{\nu-1})\, M_x(y_{\nu-1}, y_\nu).$$

Dabei sollen

$$m_x(y_{\nu-1}, y_\nu), \quad M_x(y_{\nu-1}, y_\nu)$$

die untere und die obere Grenze von $f(x, y)$ in $\langle y_{\nu-1}, y_\nu\rangle$ bedeuten.[1]

Ist nun x ein Wert aus $\langle x_{\mu-1}, x_\mu\rangle$, so hat man

$$m_{\mu\nu} \leqq m_x(y_{\nu-1}, y_\nu) \leqq M_x(y_{\nu-1}, y_\nu) \leqq M_{\mu\nu}.$$

Mit $m_{\mu\nu}$ bezeichnen wir die untere, mit $M_{\mu\nu}$ die obere Grenze von $f(x, y)$ in $\langle x_{\mu-1}, x_\mu;\ y_{\nu-1}, y_\nu\rangle$.

Wir können also schließen, daß im Falle $x_{\mu-1} \leqq \bar{x}_\mu \leqq x_\mu$ die Ungleichungen gelten

$$\sum (y_\nu - y_{\nu-1})\, m_{\mu\nu} \leqq \mathfrak{y}(\bar{x}_\mu) \leqq \mathfrak{Y}(\bar{x}_\mu) \leqq \sum (y_\nu - y_{\nu-1})\, M_{\mu\nu}.$$

Hieraus folgt aber:

$$s(\mathfrak{Z}) \leqq \sum (x_\mu - x_{\mu-1})\, \mathfrak{y}(\bar{x}_\mu) \leqq \sum (x_\mu - x_{\mu-1})\, \mathfrak{Y}(\bar{x}_\mu) \leqq S(\mathfrak{Z}).$$

$\mathfrak{Z}$ ist die Zerlegung von $\langle a, b;\ c, d\rangle$ in die Teilrechtecke $\langle x_{\mu-1}, x_\mu;\ y_{\nu-1}, y_\nu\rangle$.

Durchläuft $\mathfrak{Z}$ eine ausgezeichnete Zerlegungsfolge, so wird

$$\lim \sum (x_\mu - x_{\mu-1})\, \mathfrak{y}(\bar{x}_\mu) = \lim \sum (x_\mu - x_{\mu-1})\, \mathfrak{Y}(\bar{x}_\mu) = \iint\limits_{\langle a, b;\ c, d\rangle} f(x, y)\, dx\, dy.$$

Damit die Existenz der beiden Integrale

$$\int_a^b \mathfrak{y}(x)\, dx, \quad \int_a^b \mathfrak{Y}(x)\, dx$$

bewiesen und zugleich ist gezeigt, daß

[1] x ist hierbei ein fester Wert aus $\langle a, b\rangle$.

$$\int_a^b \mathfrak{y}(x)\,dx = \int_a^b \mathfrak{Y}(x)\,dx = \iint\limits_{\langle a,\,b;\;c,\,d\rangle} f(x,y)\,dx\,dy$$

ist.

Ausführlich geschrieben lautet diese Formel so:

$$\iint\limits_{\langle a,\,b;\;c,\,d\rangle} f(x,y)\,dx\,dy = \int_a^b\Big(\underline{\int_c^d} f(x,y)\,dy\Big)dx = \int_a^b\Big(\overline{\int_c^d} f(x,y)\,dy\Big)dx.$$

Sie enthält die Zurückführung eines Doppelintegrals auf einfache Integrale.

Diese Zurückführung läßt sich auch in folgender Weise bewirken:

$$\iint\limits_{\langle a,\,b;\;c,\,d\rangle} f(x,y)\,dx\,dy = \int_c^d\Big(\underline{\int_a^b} f(x,y)\,dx\Big)dy = \int_c^d\Big(\overline{\int_a^b} f(x,y)\,dx\Big)dy.$$

Es ist also, wenn man $f(x, y)$ in $\langle a, b;\; c, d\rangle$ integrierbar voraussetzt,

$$\int_a^b\Big(\underline{\int_c^d} f(x,y)\,dy\Big)dx = \int_a^b\Big(\overline{\int_c^d} f(x,y)\,dy\Big)dx$$

$$= \int_c^d\Big(\underline{\int_a^b} f(x,y)\,dx\Big)dy = \int_c^d\Big(\overline{\int_a^b} f(x,y)\,dx\Big)dy.$$

Ist z. B. $f(x, y)$ in $\langle a, b;\; c, d\rangle$ stetig, so wird

$$\iint\limits_{\langle a,\,b;\;c,\,d\rangle} f(x,y)\,dx\,dy = \int_a^b\Big(\int_c^d f(x,y)\,dy\Big)dx = \int_c^d\Big(\int_a^b f(x,y)\,dx\Big)dy.$$

§ 21. Differentiation und Integration unter dem $\int$.

Wir wollen uns auf den Fall beschränken, daß $f(x, y)$ in $\langle a, b;\; c, d\rangle$ stetig ist. Dann gilt sicher die Formel:

$$\int_a^b\Big(\int_c^d f(x,y)\,dy\Big)dx = \int_c^d\Big(\int_a^b f(x,y)\,dx\Big)dy.$$

Wir können ihren Inhalt so ausdrücken:

Um

$$\varphi(y) = \int_a^b f(x,y)\,dx$$

zu integrieren, kann man unter dem Integralzeichen integrieren.

Es sei jetzt nicht nur $f(x, y)$, sondern auch

$$\frac{\partial f(x,y)}{\partial y} = \psi(x,y)$$

in $\langle a, b;\ c, d\rangle$ stetig. Nach § 10 ist

$$f(x, y) - f(x, c) = \int_c^y \psi(x, y)\, dy,$$

also

$$\int_a^b f(x, y)\, dx - \int_a^b f(x, c)\, dx = \int_a^b \left(\int_c^y \psi(x, y)\, dy\right) dx.$$

Nach dem Obigen hat man aber

$$\int_a^b \left(\int_c^y \psi(x, y)\, dy\right) dx = \int_c^y \left(\int_a^b \psi(x, y)\, dx\right) dy,$$

so daß sich ergibt

$$\int_a^b f(x, y)\, dx = \int_a^b f(x, c)\, dx + \int_c^y \left(\int_a^b \psi(x, y)\, dx\right) dy.$$

Aus der Stetigkeit von $\psi(x, y)$ in $\langle a, b;\ c, d\rangle$ folgt nun leicht die Stetigkeit von

$$\omega(y) = \int_a^b \psi(x, y)\, dx$$

in dem Intervall $\langle c, d\rangle$. Ist nämlich

$$\lim y_n = y_0, \qquad (c \leqq y_n \leqq d)$$

so wird

$$\omega(y_n) - \omega(y_0) = \int_a^b \{\psi(x, y_n) - \psi(x, y_0)\}\, dx = (b-a)\{\psi(x_n, y_n) - \psi(x_n, y_0)\}.$$

Da die Entfernung der beiden Punkte (x_n, y_n) und (x_n, y_0) nach Null konvergiert, so ist (vgl. S. 41)

$$\lim \{\psi(x_n, y_n) - \psi(x_n, y_0)\} = 0,$$

also

$$\lim \omega(y_n) = \omega(y_0).$$

Aus

$$\int_a^b f(x, y)\, dx = \int_a^b f(x, c)\, dx + \int_c^y \omega(y)\, dy$$

folgt nun wegen der Stetigkeit von $\omega(y)$, daß

$$\frac{\partial}{\partial y}\int_a^b f(x, y)\, dx = \omega(y)$$

ist oder, ausführlich geschrieben,

$$\frac{\partial}{\partial y}\int_a^b f(x, y)\,dx = \int_a^b \frac{\partial f(x, y)}{\partial y}\,dx.$$
$$(c \leqq y \leqq d)$$

Man darf also unter den gemachten Voraussetzungen unter dem Integralzeichen differenzieren.

§ 22. Abänderungen von $f(x, y)$, bei denen $\iint f(x, y)\,dx\,dy$ seinen Wert behält.

Wir wollen an gewissen Stellen in $\langle a, b;\ c, d\rangle$ den Funktionswert $f(x, y)$ abändern. Diese Stellen sollen aber eine Menge vom Inhalt Null bilden (vgl. S. 43, Fußnote 1). Die neue Funktion heiße $\bar{f}(x, y)$.

Wenn nun $f(x, y)$ in $\langle a, b;\ c, d\rangle$ integrierbar und $\bar{f}(x, y)$ beschränkt ist, so läßt sich zeigen, daß die Gleichung

$$\iint \bar{f}(x, y)\,dx\,dy = \iint f(x, y)\,dx\,dy$$

gilt.

Der Beweis wird so geführt wie in § 15.

Aus dem Obigen ist zu entnehmen, daß man insbesondere $f(x, y)$ an einer endlichen Anzahl von Stellen abändern darf, ohne daß das Integral seinen Sinn oder seinen Wert verliert.

Auch darf man z. B. $f(x, y)$ an gewissen Stellen, die eine Menge vom Inhalt Null bilden, durch Null ersetzen.

Die Betrachtungen dieses Paragraphen lassen sich übrigens auch bei dem oberen und unteren Integral einer beschränkten Funktion durchführen. Man hat nur $\mathfrak{S}$ durch S bzw. s zu ersetzen. Es ergibt sich dann, daß das obere und das untere Integral sich nicht ändern, wenn man die Funktion an gewissen Stellen, die eine Menge vom Inhalt Null bilden, modifiziert, aber so, daß sie beschränkt bleibt.

§ 23. Das Integral von $f(x, y)$ in einer beliebigen beschränkten Punktmenge.

$\mathfrak{P}$ sei eine beschränkte Punktmenge, d. h. eine Punktmenge, die sich in ein Rechteck $\langle a, b;\ c, d\rangle$ einschließen läßt.[1]

In $\mathfrak{P}$ sei eine Funktion $f(x, y)$ definiert, d. h. jedem Punkt (x, y) in $\mathfrak{P}$ sei eine Zahl $f(x, y)$ zugeordnet.

[1] Unter diesen Rechtecken gibt es ein kleinstes. Es heißt $\langle \alpha, \beta;\ \gamma, \delta\rangle$, wenn wir mit α, γ die oberen Grenzen aller a bzw. c, mit β, δ die unteren Grenzen aller b bzw. d bezeichnen. Die Diagonale von $\langle \alpha, \beta;\ \gamma, \delta\rangle$ nennen wir die Diagonale von $\mathfrak{P}$.

Wir wollen festsetzen, daß außerhalb von $\mathfrak{P}$, d. h. in allen Punkten, die nicht zu $\mathfrak{P}$ gehören, $f(x, y) = 0$ sein soll.

Es kann sein, daß dann das Integral

$$\iint\limits_{\langle a, b;\, c, d\rangle} f(x, y)\, dx\, dy$$

existiert. Ist das der Fall, so bezeichnen wir dieses Integral mit

$$\iint\limits_{\mathfrak{P}} f(x, y)\, dx\, dy$$

und nennen es das Integral von $f(x, y)$ in der Punktmenge $\mathfrak{P}$. Von der Funktion $f(x, y)$ sagen wir, daß sie in $\mathfrak{P}$ integrierbar ist.

Es ist ganz gleichgültig, in welches Rechteck $\langle a, b;\, c, d\rangle$ wir $\mathfrak{P}$ einschließen. Immer ergibt sich derselbe Wert für das Integral, falls dieses überhaupt existiert.

In ähnlicher Weise wird das untere und das obere Integral von $f(x, y)$ in $\mathfrak{P}$ definiert. Unteres und oberes Integral existieren, sobald $f(x, y)$ in $\mathfrak{P}$ beschränkt ist, also beständig zwischen zwei festen Werten liegt. Das untere Integral werde mit

$$\underline{\iint\limits_{\mathfrak{P}}} f(x, y)\, dx\, dy,$$

das obere mit

$$\overline{\iint\limits_{\mathfrak{P}}} f(x, y)\, dx\, dy$$

bezeichnet.

§ 24. Inhalt einer beschränkten Punktmenge.

In jeder beschränkten Punktmenge $\mathfrak{P}$ existieren die beiden Integrale

$$\underline{\iint\limits_{\mathfrak{P}}} dx\, dy \quad \text{und} \quad \overline{\iint\limits_{\mathfrak{P}}} dx\, dy.$$

Denn es handelt sich hier um eine Funktion $f(x, y)$, die in $\mathfrak{P}$ überall gleich 1 und sonst gleich Null ist.

Man nennt

$$\underline{\iint\limits_{\mathfrak{P}}} dx\, dy$$

den inneren und

$$\overline{\iint\limits_{\mathfrak{P}}} dx\, dy$$

den äußeren Inhalt von $\mathfrak{P}$. Der innere Inhalt ist nie größer als der äußere.

Wenn

$$\underline{\iint_{\mathfrak{P}}} dx\, dy = \overline{\iint_{\mathfrak{P}}} dx\, dy.$$

ist, also

$$\iint_{\mathfrak{P}} dx\, dy$$

existiert, so nennt man diesen Wert den Inhalt von $\mathfrak{P}$, und $\mathfrak{P}$ heißt quadrierbar.

Man kann die Definition des Inhalts so formulieren: $\langle a, b;\ c, d\rangle$ sei ein Rechteck, das die Punktmenge $\mathfrak{P}$ enthält, und $\mathfrak{Z}$ eine Zerlegung dieses Rechtecks durch Parallelen zu den Achsen.

τ sei die Summe der Teilrechtecke, die nur Punkte von $\mathfrak{P}$, T die Summe der Teilrechtecke, die wenigstens einen Punkt von $\mathfrak{P}$ enthalten, endlich $\varkappa$ die Summe der Teilrechtecke, die wenigstens einen Punkt von $\mathfrak{P}$ und zugleich wenigstens einen Punkt enthalten, der nicht zu $\mathfrak{P}$ gehört. Diese letzten Teilrechtecke wollen wir die kritischen nennen.

Offenbar ist

$$\varkappa = T - \tau.$$

Aus der Definition der Integrale

$$\underline{\iint_{\mathfrak{P}}} dx\, dy, \quad \overline{\iint_{\mathfrak{P}}} dx\, dy$$

so ergibt sich

$$\lim \tau = \underline{\iint} dx\, dy, \quad \lim T = \overline{\iint_{\mathfrak{P}}} dx\, dy.$$

Der Grenzübergang besteht darin, daß $\mathfrak{Z}$ eine ausgezeichnete Zerlegungsfolge durchläuft.

Da

$$\lim \varkappa = \overline{\iint_{\mathfrak{P}}} dx\, dy - \underline{\iint_{\mathfrak{P}}} dx\, dy$$

ist, so ergibt sich folgender Satz:

$\mathfrak{P}$ ist dann und nur dann quadrierbar, wenn die Summe der kritischen Rechtecke nach Null konvergiert.

Ist $\mathfrak{P}_1$ eine Teilmenge von $\mathfrak{P}$ und haben τ_1, T_1 für $\mathfrak{P}$ dieselbe Bedeutung wie τ, T für $\mathfrak{P}$, so ist augenscheinlich $\tau_1 \leqq \tau$, $T_1 \leqq T$, also auch

$$\lim \tau_1 \leqq \lim \tau, \quad \lim T_1 \leqq T.$$

Der innere Inhalt einer Teilmenge $\mathfrak{P}_1$ von $\mathfrak{P}$ ist also nicht größer als der innere Inhalt von $\mathfrak{P}$, ebenso der äußere Inhalt von $\mathfrak{P}_1$ nicht größer als der äußere Inhalt von $\mathfrak{P}$.

Ist $\mathfrak{P}$ eine Menge vom Inhalt Null, so folgt hieraus, daß auch $\mathfrak{P}_1$ vom Inhalt Null ist.

Drei beschränkte Punktmengen $\mathfrak{A}$, $\mathfrak{B}$, $\mathfrak{C}$ seien so beschaffen, daß $\mathfrak{A}$ in $\mathfrak{B}$ und $\mathfrak{B}$ in $\mathfrak{C}$ als Teilmenge steckt. Ferner seien $\mathfrak{A}$ und $\mathfrak{C}$ quadrierbar. Dann gelten die Ungleichungen

$$\iint\limits_{\mathfrak{A}} dx\,dy \leqq \underline{\iint\limits_{\mathfrak{B}}} dx\,dy \leqq \overline{\iint\limits_{\mathfrak{B}}} dx\,dy \leqq \iint\limits_{\mathfrak{C}} dx\,dy.$$

Der innere Inhalt von $\mathfrak{B}$ ist also nicht kleiner als der Inhalt von $\mathfrak{A}$ und der äußere Inhalt von $\mathfrak{B}$ nicht größer als der Inhalt von $\mathfrak{C}$.

§ 25. Inhalt von Normalbereichen.

Als Normalbereich (in bezug auf die x-Achse) bezeichnen wir eine Punktmenge, die durch Ungleichungen von der Form

$$(\mathfrak{N}_x) \qquad a \leqq x \leqq b, \quad \varphi(x) \leqq y \leqq \psi(x)$$

definiert ist (vgl. Fig. 4). Dabei sollen die Funktionen $\varphi(x)$, $\psi(x)$ in $\langle a, b\rangle$ stetig sein und zwischen a und b (also für $a < x < b$) der Ungleichung

$$\varphi(x) < \psi(x)$$

genügen. Durch

$$(\mathfrak{N}_y) \qquad a \leqq y \leqq b, \quad \varphi(y) \leqq x \leqq \psi(y)$$

wird ein Normalbereich in bezug auf die y-Achse definiert.

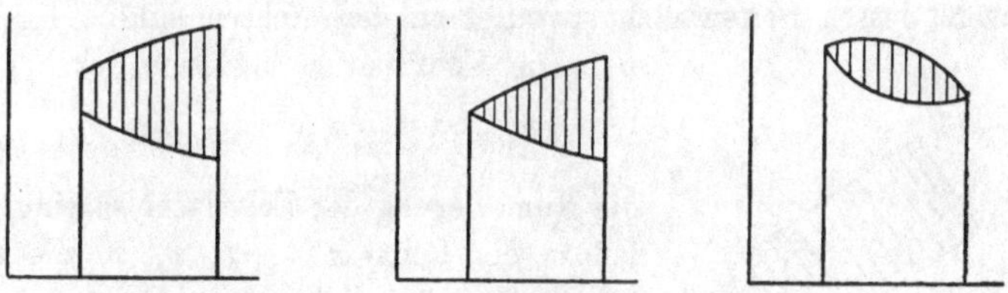

Fig. 4.

Wir werden sehen, daß $\mathfrak{N}_x$ quadrierbar ist und den Inhalt

$$\iint\limits_{\mathfrak{N}_x} dx\,dy = \int\limits_a^b \Bigl(\int\limits_{\varphi(x)}^{\psi(x)} dy\Bigr) dx = \int\limits_a^b \{\psi(x) - \varphi(x)\}\,dx$$

hat. Ähnliches gilt von $\mathfrak{N}_y$.

Ist c der kleinste Wert von $\varphi(x)$ und d der größte Wert von $\psi(x)$ in $\langle a, b\rangle$, so liegt $\mathfrak{N}_x$ in dem Rechteck $\langle a, b;\, c, d\rangle$. Setzen wir $f(x, y)$ in jedem Punkt von $\mathfrak{N}_x$ gleich 1 und sonst überall gleich Null, so ist $f(x, y)$ in $\langle a, b;\, c, d\rangle$ beschränkt und höchstens in den Punkten der beiden Kurven

$$y = \varphi(x), \quad y = \psi(x)$$
$$(a \leqq x \leqq b)$$

nicht stetig. Die Unstetigkeitsstellen bilden hier eine Menge vom Inhalt Null.[1] Also existiert (vgl. § 18)

$$\iint\limits_{\langle a,\, b;\; c,\, d\rangle} f(x, y)\, dx\, dy = \iint\limits_{\mathfrak{N}_x} dx\, dy,$$

und nach § 20 ist dieses Integral gleich

$$\int\limits_a^b \left(\int\limits_c^d f(x, y)\, dy\right) dx.$$

Es wird aber

$$\int\limits_c^d f(x, y)\, dy = \int\limits_c^{\varphi(x)} f(x, y)\, dy + \int\limits_{\varphi(x)}^{\psi(x)} f(x, y)\, dy + \int\limits_{\psi(x)}^d f(x, y)\, dy,$$

also (vgl. auch § 15)

$$\int\limits_c^d f(x, y)\, dy = \psi(x) - \varphi(x).$$

In ähnlicher Weise findet man die Formel für

$$\iint\limits_{\mathfrak{N}_y} dx\, dy.$$

Um ein Beispiel zu haben, wollen wir den Inhalt eines Rechtecks berechnen, dessen Seiten nicht parallel zu den Achsen sind.

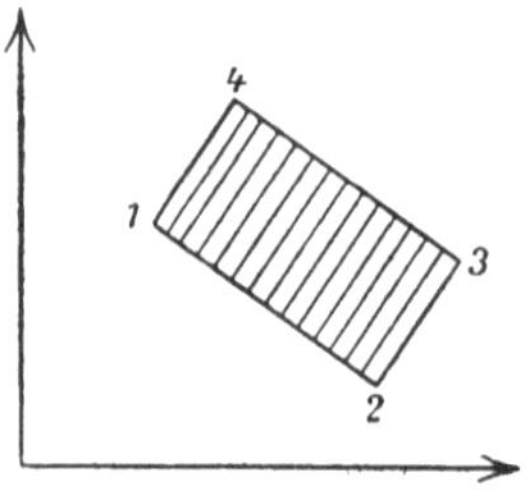

Fig. 5.

Die Koordinaten der vier Ecken seien

$$(x_1, y_1), \quad (x_2, y_2), \quad (x_3, y_3), \quad (x_4, y_4).$$

Die Numerierung der Ecken sei so eingerichtet, daß in der Reihe x_1, x_2, x_3, x_4 x_1 die kleinste und x_3 die größte Zahl, in der Reihe y_1, y_2, y_3, y_4 dagegen y_2 die kleinste und y_4 die größte Zahl ist.

Wir haben es hier mit einem Normalbereich zu tun. Die Bildkurve von $\varphi(x)$ ist 1 2 3, die von $\psi(x)$ aber 1 4 3. Der Inhalt J des betrachteten Rechtecks wird also gleich

$$\int\limits_{x_1}^{x_3} \{\psi(x) - \varphi(x)\}\, dx.$$

Längs 1 4 ist nun

$$\psi(x) = \frac{(x - x_4)\, y_1 + (x_1 - x)\, y_4}{x_1 - x_4},$$

[1] Das folgt aus der Stetigkeit von $\varphi(x)$, $\psi(x)$.

längs 4 3 aber

$$\psi(x) = \frac{(x - x_3)\, y_4 + (x_4 - x)\, y_3}{x_4 - x_3}.$$

Es wird also

$$\int_{x_1}^{x_3} \psi(x)\, d\,x = \int_{x_1}^{x_4} \psi(x)\, d\,x + \int_{x_4}^{x_3} \psi(x)\, d\,x$$

$$= \tfrac{1}{2}(x_4 - x_1)(y_1 + y_4) + \tfrac{1}{2}(x_3 - x_4)(y_4 + y_3).$$

Hieraus erhält man $\int_{x_1}^{x_3} \varphi(x)\, d\,x$, indem man den Index 4 durch 2 ersetzt.

Es ergibt sich auf diese Weise

$$\int_{x_1}^{x_3} \varphi(x)\, d\,x = \tfrac{1}{2}(x_2 - x_1)(y_1 + y_2) + \tfrac{1}{2}(x_3 - x_2)(y_2 + y_3).$$

Nun ist

$$x_4 - x_1 = x_3 - x_2 = p,$$
$$y_4 - y_1 = y_3 - y_2 = q,$$
$$x_3 - x_4 = x_2 - x_1 = p',$$
$$y_4 - y_3 = y_1 - y_2 = q',$$

und p, q, p', q' sind positiv (weil y_2 das kleinste y und x_1 das kleinste x).

Wir können also schreiben

$$\int_{x_1}^{x_3} \psi(x)\, d\,x = \tfrac{1}{2} p\,(y_1 + y_4) + \tfrac{1}{2} p'\,(y_4 + y_3)$$

$$\int_{x_1}^{x_3} \varphi(x)\, d\,x = \tfrac{1}{2} p\,(y_2 + y_3) + \tfrac{1}{2} p'\,(y_1 + y_2)$$

und finden dann durch Subtraktion

$$J = p\,q' + q\,p'.$$

Die Seiten unseres Rechtecks sind aber gleich

$$\sqrt{p^2 + q^2} \quad \text{und} \quad \sqrt{p'^2 + q'^2}.$$

Das Produkt dieser beiden Zahlen wird

$$\sqrt{(p\,q' + q\,p')^2 + (p\,p' - q\,q')^2} = p\,q' + q\,p'.$$

Da es sich nämlich um ein Rechteck handelt, hat man

$$p\,p' - q\,q' = 0.$$

Der Inhalt des Rechtecks ist also gleich dem Produkt seiner Seiten.

§ 26. Sätze über quadrierbare beschränkte Punktmengen.

$\mathfrak{P}$ und $\mathfrak{Q}$ seien zwei quadrierbare Punktmengen, die in dem Rechteck $\langle a, b;\ c, d\rangle$ liegen.

Unter der Vereinigung von $\mathfrak{P}$ und $\mathfrak{Q}$ verstehen wir die Menge $\mathfrak{S}$ aller Punkte, die wenigstens in einer der beiden Mengen $\mathfrak{P}$, $\mathfrak{Q}$ enthalten sind, unter dem Durchschnitt von $\mathfrak{P}$ und $\mathfrak{Q}$ die Menge $\mathfrak{D}$ aller gemeinsamen Punkte von $\mathfrak{P}$ und $\mathfrak{Q}$.

1. Vereinigung und Durchschnitt von quadrierbaren beschränkten Punktmengen sind quadrierbar.

$\mathfrak{Z}$ sei eine Zerlegung von $\langle a, b;\ c, d\rangle$ durch Parallelen zu den Achsen, $\varkappa(\mathfrak{P})$, $\varkappa(\mathfrak{Q})$, $\varkappa(\mathfrak{S})$, $\varkappa(\mathfrak{D})$ die Summe der kritischen Teilrechtecke für $\mathfrak{P}$, $\mathfrak{Q}$, $\mathfrak{S}$, $\mathfrak{D}$.

Jedes kritische Teilrechteck für $\mathfrak{S}$ muß wenigstens für eine der Mengen $\mathfrak{P}$, $\mathfrak{Q}$ ebenfalls kritisch sein. Demnach ist

$$\varkappa(\mathfrak{S}) \leqq \varkappa(\mathfrak{P}) + \varkappa(\mathfrak{Q}).$$

Wenn nun $\mathfrak{Z}$ eine ausgezeichnete Zerlegungsfolge durchläuft, so wird

$$\lim \varkappa(\mathfrak{P}) = 0\,, \quad \lim \varkappa(\mathfrak{Q}) = 0\,.$$

also auch

$$\lim \varkappa(\mathfrak{S}) = 0\,.$$

Ein kritisches Teilrechteck für $\mathfrak{D}$ enthält einen Punkt,[1] der zu $\mathfrak{D}$, d. h. sowohl zu $\mathfrak{P}$ als zu $\mathfrak{Q}$, gehört, daneben aber auch einen Punkt, der nicht zu $\mathfrak{D}$ gehört, also in mindestens einer der Mengen $\mathfrak{P}$, $\mathfrak{Q}$ nicht vorkommt. Das Teilrechteck ist also wenigstens für eine dieser beiden Mengen ebenfalls kritisch. Man hat infolgedessen

$$\varkappa(\mathfrak{D}) \leqq \varkappa(\mathfrak{P}) + \varkappa(\mathfrak{Q})$$

und

$$\lim \varkappa(\mathfrak{D}) = 0\,.$$

2. Nimmt man von einer quadrierbaren beschränkten Punktmenge eine quadrierbare Teilmenge fort, so bleibt sie quadrierbar.

$\mathfrak{P}$ sei beschränkt und quadrierbar, $\mathfrak{P}_1$ eine quadrierbare Teilmenge von $\mathfrak{P}$ und $\mathfrak{P}_2$ die Menge, die übrig bleibt, wenn man $\mathfrak{P}_1$ von $\mathfrak{P}$ fortnimmt.[2]

Ein kritisches Teilrechteck für $\mathfrak{P}_2$ enthält wenigstens einen Punkt von $\mathfrak{P}_2$ und wenigstens einen Punkt, der nicht zu $\mathfrak{P}_2$ gehört. Dieser letztere Punkt gehört entweder zu $\mathfrak{P}_1$ oder überhaupt nicht zu $\mathfrak{P}$. Das kritische Teilrechteck kommt also in $\varkappa(\mathfrak{P}_1)$ oder in $\varkappa(\mathfrak{P})$ vor, d. h. es ist

$$\varkappa(\mathfrak{P}_2) \leqq \varkappa(\mathfrak{P}) + \varkappa(\mathfrak{P}_1).$$

---

[1] Wir wollen annehmen, daß $\mathfrak{D}$ wenigstens einen Punkt enthält.

[2] Man pflegt zu schreiben $\mathfrak{P}_2 = \mathfrak{P} - \mathfrak{P}_1$.

Durchläuft $\mathfrak{Z}$ eine ausgezeichnete Zerlegungsfolge, so wird

$$\lim \varkappa(\mathfrak{P}) = 0, \quad \lim \varkappa(\mathfrak{P}_1) = 0,$$

also auch

$$\lim \varkappa(\mathfrak{P}_2) = 0.$$

3. $\mathfrak{P}$, $\mathfrak{Q}$ seien zwei beschränkte quadrierbare Punktmengen. Dann ist der Inhalt der Vereinigung beider Mengen gleich der Summe ihrer Inhalte vermindert um den Inhalt des Durchschnitts.

Wir wollen zuerst die beiden quadrierbaren Mengen $\mathfrak{P}$ und $\mathfrak{Q} - \mathfrak{D}$ betrachten. Sie haben keinen Punkt gemein.

Ein Teilrechteck von $\mathfrak{Z}$, das ganz aus Punkten der Menge $\mathfrak{P} + (\mathfrak{Q} - \mathfrak{D})$ besteht, d. h. der Menge $\mathfrak{S}$, liegt entweder ganz in $\mathfrak{P}$ oder in $\mathfrak{Q} - \mathfrak{D}$ oder es ist ein kritisches Teilrechteck von $\mathfrak{P}$ (zugleich auch von $\mathfrak{Q} - \mathfrak{D}$). Hiernach gilt die Relation[1]

$$\tau(\mathfrak{S}) = \tau(\mathfrak{P}) + \tau(\mathfrak{Q} - \mathfrak{D}) + \varrho$$

und dabei ist

$$0 \leqq \varrho \leqq \varkappa(\mathfrak{P}).$$

Nun durchlaufe $\mathfrak{Z}$ eine ausgezeichnete Zerlegungsfolge.

Wenn wir den Inhalt einer Menge $\mathfrak{M}$ kurz mit $(\mathfrak{M})$ bezeichnen, so können wir das Ergebnis so schreiben:

$$(\mathfrak{S}) = (\mathfrak{P}) + (\mathfrak{Q} - \mathfrak{D}).$$

Aus demselben Grunde ist aber $(\mathfrak{Q}) = (\mathfrak{Q} - \mathfrak{D}) + (\mathfrak{D})$. Also folgt

$$(\mathfrak{S}) = (\mathfrak{P}) + (\mathfrak{Q}) - (\mathfrak{D}).$$

Wenn $(\mathfrak{D}) = 0$ ist, wenn also die gemeinsamen Punkte von $\mathfrak{P}$ und $\mathfrak{Q}$ eine Menge vom Inhalt Null bilden, so reduziert sich die Formel auf

$$(\mathfrak{S}) = (\mathfrak{P}) + (\mathfrak{Q}).$$

Sind die quadrierbaren beschränkten Punktmengen $\mathfrak{P}_1, \mathfrak{P}_2, \ldots, \mathfrak{P}_r$ so beschaffen, daß je zwei von ihnen nur eine Punktmenge vom Inhalt Null gemein haben,[2] so ist der Inhalt ihrer Vereinigung $\mathfrak{V}$ gleich $(\mathfrak{P}_1) + (\mathfrak{P}_2) + \cdots + (\mathfrak{P}_r)$.

Das ergibt sich durch wiederholte Anwendung der obigen Formel.

§ 27. Unabhängigkeit des Inhalts von der Wahl des Achsensystems.

$\mathfrak{P}$ sei eine beschränkte Punktmenge, die quadrierbar ist.

Wir wollen sie auf zwei neue rechtwinklige Achsen $O'x'$, $O'y'$ beziehen und zeigen, daß sie alsdann quadrierbar bleibt und ihren Inhalt nicht ändert.

---

[1] Wegen der Bedeutung von τ vgl. S. 50.

[2] Läßt man diese Voraussetzung fallen, so ist jedenfalls $(\mathfrak{V}) \leqq (\mathfrak{P}_1) + (\mathfrak{P}_2) + \ldots + (\mathfrak{P}_r)$.

$\langle a, b;\ c, d\rangle$ sei (in bezug auf die alten Achsen) ein Umschließungsrechteck von $\mathfrak{P}$ (vgl. Fig. 6). $\mathfrak{Z}$ bedeute eine Zerlegung von $\langle a, b;\ c, d\rangle$ durch Parallelen zu Ox, Oy.

Ist dann $\tau\,(T)$ die Summe der Teilrechtecke, in denen nur Punkte von $\mathfrak{P}$ liegen (in denen ein Punkt von $\mathfrak{P}$ vorkommt), so hat man, falls $\mathfrak{Z}$ eine ausgezeichnete Zerlegungsfolge durchläuft,

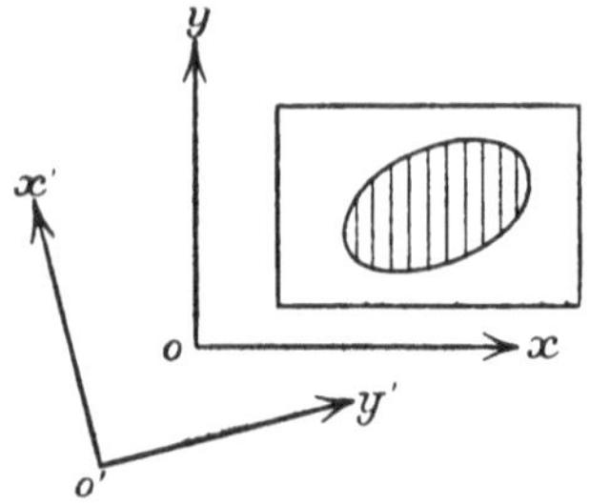

Fig. 6.

$$\lim \tau = \lim T = \iint\limits_{\mathfrak{P}} dx\, dy.$$

Nach § 24 ist aber (vgl. auch § 26)

$$\tau \leqq \underline{\iint\limits_{\mathfrak{P}}} dx'\, dy' \leqq \overline{\iint\limits_{\mathfrak{P}}} dx'\, dy' \leqq T;$$

denn die Teilrechtecke mit der Summe $\tau\,(T)$ bilden eine Teilmenge von $\mathfrak{P}$ (enthalten $\mathfrak{P}$ als Teilmenge).

Da nun τ und T beide nach $\iint\limits_{\mathfrak{P}} dx\, dy$ konvergieren, so folgt aus den obigen Ungleichungen

$$\underline{\iint\limits_{\mathfrak{P}}} dx'\, dy' = \overline{\iint\limits_{\mathfrak{P}}} dx'\, dy' = \iint\limits_{\mathfrak{P}} dx\, dy,$$

d. h.

$$\iint\limits_{\mathfrak{P}} dx'\, dy' = \iint\limits_{\mathfrak{P}} dx\, dy.$$

Der Inhalt einer beschränkten Punktmenge, wie er in § 24 definiert wurde, ist also eine Invariante gegenüber allen Bewegungen des rechtwinkligen Achsensystems.[1] Wir haben hier ein Beispiel für eine Integralinvariante.

Um z. B. den Inhalt eines rechtwinkligen Dreiecks ϑ zu berechnen, dürfen wir die Katheten zu Koordinatenachsen machen. Die Hypotenuse hat dann die Gleichung

$$\frac{x}{a} + \frac{y}{b} = 1,$$

und man findet

$$\iint\limits_{\vartheta} dx\, dy = \frac{b}{a}\int\limits_0^a (a - x)\, dx = \frac{ab}{2}.$$

Hieraus ergibt sich leicht, daß für jedes Dreieck und für jedes Parallelogramm die gewöhnliche Inhaltsformel gilt.[2]

---

[1] Man darf auch die positiven Achsenrichtungen abändern.

[2] Vgl. § 26.

An einer späteren Stelle brauchen wir den Inhalt des Parallelogramms, das durch die Ungleichungen

$$\begin{aligned} |\alpha x + \beta y| &\leqq p, \\ |\gamma x + \delta y| &\leqq q \end{aligned} \qquad (\alpha\delta - \beta\gamma \neq 0)$$

bestimmt wird. Wählen wir als $\mathfrak{y}$-Achse die Gerade

$$\alpha x + \beta y = 0$$

und als $\mathfrak{x}$-Achse die Gerade

$$-\beta x + \alpha y = 0,$$

so hängen die alten mit den neuen Koordinaten durch folgende Formeln zusammen:

$$x = \frac{\alpha \mathfrak{x} - \beta \mathfrak{y}}{\sqrt{\alpha^2 + \beta^2}},$$

$$y = \frac{\beta \mathfrak{x} + \alpha \mathfrak{y}}{\sqrt{\alpha^2 + \beta^2}},$$

und das Parallelogramm ist durch die Ungleichungen

$$|\mathfrak{x}| \leqq \frac{p}{\sqrt{\alpha^2 + \beta^2}},$$

$$|(\alpha\gamma + \beta\delta)\mathfrak{x} + (\alpha\delta - \beta\gamma)\mathfrak{y}| \leqq q\sqrt{\alpha^2 + \beta^2}$$

definiert. Es hat die Grundlinie

$$\frac{2q\sqrt{\alpha^2 + \beta^2}}{|\alpha\delta - \beta\gamma|}$$

und die Höhe

$$\frac{2p}{\sqrt{\alpha^2 + \beta^2}},$$

also den Inhalt

$$\frac{4pq}{|\alpha\delta - \beta\gamma|}.$$

§ 28. Zerlegung einer quadrierbaren beschränkten Punktmenge in quadrierbare Teilmengen.

$\mathfrak{P}$ sei eine quadrierbare Punktmenge, die in dem Rechteck $\langle a, b; c, d\rangle$ enthalten ist. Unterwerfen wir das Rechteck einer Zerlegung $\mathfrak{Z}$ durch Parallelen zu den Achsen, so liegt in jedem Teilrechteck $\langle \alpha, \beta; \gamma, \delta\rangle$ von $\mathfrak{Z}$ eine quadrierbare Teilmenge von $\mathfrak{P}$. Diese Teilmenge ist nämlich der Durchschnitt der beiden Punktmengen $\mathfrak{P}$ und $\langle \alpha, \beta; \gamma, \delta\rangle$, die beide quadrierbar sind. Wir können hier also den Satz 1 aus § 26 anwenden.

Die quadrierbaren Teilmengen $\mathfrak{P}_1, \mathfrak{P}_2, \ldots, \mathfrak{P}_r$ von $\mathfrak{P}$, die den einzelnen Teilrechtecken von $\mathfrak{Z}$ entsprechen, haben folgende beiden Eigenschaften.

Jeder Punkt von $\mathfrak{P}$ ist wenigstens in einem $\mathfrak{P}_\varrho$ enthalten. Je zwei $\mathfrak{P}_\varrho$ haben nur eine Punktmenge vom Inhalt Null gemein; denn diese gemeinsamen Punkte sind eine Teilmenge unter den sämtlichen Randpunkten der Rechtecke $\langle \alpha, \beta; \gamma, \delta \rangle$, die ihrerseits eine Menge vom Inhalt Null bilden.

Jedes System quadrierbarer Teilmengen von $\mathfrak{P}$, das die beiden obigen Eigenschaften hat, soll eine Zerlegung von $\mathfrak{P}$ heißen.

Unter den Diagonalen[1] der Teilmengen einer solchen Zerlegung Z sei ε die größte. Dann wollen wir ε die Maximaldiagonale von Z nennen.

$Z_1, Z_2, Z_3, \ldots$ sei eine Folge von Zerlegungen der Menge $\mathfrak{P}$ und ε_n die Maximaldiagonale von Z_n. Wenn $\lim \varepsilon_n = 0$ ist, sprechen wir von einer ausgezeichneten Zerlegungsfolge.

Daß es ausgezeichnete Zerlegungsfolgen gibt, ist sehr leicht zu erkennen. Betrachten wir wieder die Teilmengen von $\mathfrak{P}$, die in den Teilrechtecken von $\mathfrak{Z}$ liegen, so bilden sie eine Zerlegung Z von $\mathfrak{P}$, deren Maximaldiagonale kleiner als die Maximaldiagonale der Teilrechtecke ist. Konvergiert diese nach Null, d. h. durchläuft $\mathfrak{Z}$ eine ausgezeichnete Zerlegungsfolge des Rechtecks $\langle a, b; c, d \rangle$, so konvergiert auch die Maximaldiagonale von Z nach Null, d. h. Z durchläuft eine ausgezeichnete Zerlegungsfolge von $\mathfrak{P}$.

§ 29. Die Ausdrücke $s(Z)$ und $S(Z)$.

$\mathfrak{P}$ sei eine quadrierbare beschränkte Punktmenge vom Inhalt p. In ihr sei die beschränkte Funktion $f(x, y)$ definiert. $m(\mathfrak{P})$ bezeichne die untere und $M(\mathfrak{P})$ die obere Grenze von $f(x, y)$ in $\mathfrak{P}$.

Wir betrachten eine Zerlegung Z von $\mathfrak{P}$ (vgl. § 28). Die Teilmengen mögen $\mathfrak{P}_1, \mathfrak{P}_2, \ldots, \mathfrak{P}_r$ heißen. p_ϱ sei der Inhalt von $\mathfrak{P}_\varrho$. Wird jedes p_ϱ das eine Mal mit der unteren, das andere Mal mit der oberen Grenze von $f(x, y)$ in $\mathfrak{P}_\varrho$ multipliziert und jedes Mal die Summe dieser Produkte gebildet, so entstehen die beiden Ausdrücke

$$s(Z) = p_1\, m(\mathfrak{P}_1) + \ldots + p_r\, m(\mathfrak{P}_r),$$
$$S(Z) = p_1\, M(\mathfrak{P}_1) + \ldots + p_r\, M(\mathfrak{P}_r).$$

Ersetzt man f durch $-f$, so treten an die Stelle von $s(Z)$, $S(Z)$ die beiden Ausdrücke $-S(Z)$ bzw. $-s(Z)$. Es genügt daher, den Ausdruck $S(Z)$ allein zu betrachten.

Unter den Zerlegungen Z gibt es eine besondere Klasse, die wir schon in § 28 besprochen haben. Sie entstehen dadurch, daß man ein Umschließungsrechteck $\langle a, b; c, d \rangle$ von $\mathfrak{P}$ durch Parallelen zu den Achsen zerlegt und nun diejenigen Teilmengen von $\mathfrak{P}$ ins Auge faßt, die in den einzelnen Teilrechtecken enthalten sind. Derartige Zerlegungen von $\mathfrak{P}$

---

[1] Vgl. S. 41, Fußnote 1.

mögen spezielle Zerlegungen heißen. Jede spezielle Zerlegung von $\mathfrak{P}$ entspricht also einer Zerlegung $\mathfrak{Z}$ des Rechtecks $\langle a, b;\ c, d\rangle$ durch Parallelen zu den Achsen.

Wenn Z speziell ist, so soll $S(Z)$ ein spezieller S-Ausdruck heißen.

Die untere Grenze S aller speziellen S-Ausdrücke ist zugleich die untere Grenze aller S-Ausdrücke.[1]

Es sei

$$S(Z') < S$$

und $S(Z)$ ein spezieller S-Ausdruck, der zu der Zerlegung $\mathfrak{Z}$ von $\langle a, b;\ c, d\rangle$ gehört. Die Teilrechtecke von $\mathfrak{Z}$, die Punkte von $\mathfrak{P}$ enthalten, zerfallen in zwei Klassen:

1. solche, die ganz in einer Teilmenge der Zerlegung Z' liegen,
2. solche, die diese Eigenschaft nicht haben.

Dem entspricht nun eine Einteilung der Teilmengen $\mathfrak{P}_1, \mathfrak{P}_2, \ldots, \mathfrak{P}_r$ von Z. Wir rechnen $\mathfrak{P}_\varrho$ zur ersten oder zweiten Klasse, je nachdem es in einem Teilrechteck erster oder zweiter Klasse liegt. $p_\varrho M(\mathfrak{P}_\varrho)$ nennen wir ein Glied erster oder zweiter Klasse von $S(Z)$, je nachdem $\mathfrak{P}_\varrho$ zur ersten oder zweiten Klasse gehört.

Ersetzt man nun in $S(Z)$ jedes Glied $p_\varrho M(\mathfrak{P}_\varrho)$, das zur zweiten Klasse gehört, durch $p_\varrho m(\mathfrak{P})$, so entsteht aus $S(Z)$ eine Summe $\bar{S}$, die nicht größer als $S(Z')$ ist.

Um das deutlich zu erkennen, bilden wir aus den Teilmengen $\mathfrak{P}_1, \ldots, \mathfrak{P}_r$ von Z und den Teilmengen $\mathfrak{P}_1', \ldots, \mathfrak{P}_s'$ von Z' die $r s$ Paare $\mathfrak{P}_\varrho, \mathfrak{P}_\sigma'$ und nehmen jedesmal den Durchschnitt $\mathfrak{Q}_{\varrho\sigma}$ von $\mathfrak{P}_\varrho$ und $\mathfrak{P}_\sigma'$. Diese $r s$ Mengen $\mathfrak{Q}_{\varrho\sigma}$ stellen eine Zerlegung $\bar{Z}$ von $\mathfrak{P}$ dar. Denn sie sind quadrierbar und je zwei haben nur eine Punktmenge vom Inhalt Null gemein. Außerdem ist jeder Punkt von $\mathfrak{P}$ wenigstens in einem $\mathfrak{Q}_{\varrho\sigma}$ enthalten.

Schreiben wir

$$S(\bar{Z}) = \sum q_{\varrho\sigma} M(\mathfrak{Q}_{\varrho\sigma})$$

in der Form

$$\sum_\varrho \{q_{\varrho 1} M(\mathfrak{Q}_{\varrho 1}) + \ldots + q_{\varrho s} M(\mathfrak{Q}_{\varrho s})\}$$

und bedenken, daß

$$M(\mathfrak{Q}_{\varrho 1}), \ldots, M(\mathfrak{Q}_{\varrho s})$$

nicht größer als $M(\mathfrak{P}_\varrho)$ sind, so ergibt sich

$$S(\bar{Z}) \leqq \sum_\varrho (q_{\varrho 1} + \ldots + q_{\varrho s}) M(\mathfrak{P}_\varrho).$$

Nach § 26 ist aber

$$q_{\varrho 1} + \ldots + q_{\varrho s} = p_\varrho.$$

---

[1] Alle S-Ausdrücke liegen in dem Intervall $\langle p\, m(\mathfrak{P}),\ p\, M(\mathfrak{P})\rangle$.

Es gilt also die Ungleichung $S(\bar{Z}) \leqq S(Z)$, und aus demselben Grunde ist $S(\bar{Z}) \leqq S(Z')$.

Gehört $\mathfrak{P}_\varrho$ zur ersten Klasse, so reduziert sich

$$\sum_{\sigma=1}^{s} q_{\varrho\sigma} M(\mathfrak{Q}_{\varrho\sigma})$$

auf

$$p_\varrho M(\mathfrak{P}_\varrho).$$

Gehört $\mathfrak{P}_\varrho$ zur zweiten Klasse und ersetzen wir jedes $M(\mathfrak{Q}_{\varrho\sigma})$ in der obigen Summe durch $m(\mathfrak{P})$, so verwandelt sie sich in

$$p_\varrho m(\mathfrak{P}).$$

Daraus ersehen wir, daß

$$\bar{S} \leqq S(\bar{Z})$$

ist, folglich auch

$$\bar{S} \leqq S(Z').$$

Damit ist unsere Behauptung bewiesen.

Jetzt wollen wir uns noch mit der Differenz $S(Z) - \bar{S}$ beschäftigen. Da wir in $S(Z)$ nur die Glieder zweiter Klasse modifiziert haben, um zu $\bar{S}$ zu gelangen, so ist sicher

$$S(Z) - \bar{S} < \omega\{M(\mathfrak{P}) - m(\mathfrak{P})\},$$

wenn wir unter ω die Summe der Teilrechtecke zweiter Klasse verstehen.

Durchläuft nun $\mathfrak{Z}$ eine ausgezeichnete Zerlegungsfolge, so wird

$$\lim \omega = 0.$$

Das folgt aus der Quadrierbarkeit der Mengen $\mathfrak{P}_\sigma'$. Es ist nämlich

$$\omega \leqq \varkappa(\mathfrak{P}_1') + \ldots + \varkappa(\mathfrak{P}_s').$$

$\varkappa(\mathfrak{P}_\sigma')$ bedeutet dabei die Summe der kritischen Teilrechtecke von $\mathfrak{P}_\sigma'$.

Wir können also bewirken, daß

$$\omega\{M(\mathfrak{P}) - m(\mathfrak{P})\} < S - S(Z')$$

wird, mithin

$$S(Z) < S + \bar{S} - S(Z'), \quad \text{d. h.} \quad S(Z) < S.$$

Darin liegt aber ein Widerspruch. $S(Z)$ ist nämlich ein spezieller S-Ausdruck und S die untere Grenze aller speziellen S-Ausdrücke sein.

Wir wissen jetzt, daß S nicht nur die untere Grenze der speziellen S-Ausdrücke, sondern überhaupt aller S-Ausdrücke ist.

$Z_1, Z_2, Z_3, \ldots$ sei irgend eine ausgezeichnete Zerlegungsfolge für $\mathfrak{P}$ und ε_n die Maximaldiagonale von Z_n.

Z bedeute wie oben eine spezielle Zerlegung von $\mathfrak{P}$, die der Zerlegung $\mathfrak{Z}$ von $\langle a, b;\ c, d\rangle$ entspricht.

Die Teilmengen von Z_n zerfallen in zwei Klassen:

1. solche, die ganz in einer Teilmenge der Zerlegung Z liegen,
2. solche, die diese Eigenschaft nicht haben.

Ersetzen wir in $S(Z_n)$ bei allen Gliedern zweiter Klasse das multiplizierende $M(\ )$ durch $m(\mathfrak{P})$, so entsteht ein Ausdruck S_n, der nach dem Obigen kleiner als $S(Z)$ ist. Andererseits ist

$$S(Z_n) - S_n \leqq \sigma_n \{M(\mathfrak{P}) - m(\mathfrak{P})\},$$

wobei σ_n die Inhaltssumme aller Teilmengen zweiter Klasse bedeutet.

Eine Teilmenge zweiter Klasse von Z_n soll nicht ganz in einer Teilmenge von Z enthalten sein. Sie kann daher auch nicht in einem Teilrechteck $\langle \alpha, \beta; \gamma, \delta \rangle$ von $\mathfrak{Z}$ liegen. Ersetzen wir jedes Teilrechteck $\langle \alpha, \beta; \gamma, \delta \rangle$ durch[1]

$$\langle \alpha + \varepsilon_n, \beta - \varepsilon_n; \gamma + \varepsilon_n, \delta - \varepsilon_n \rangle,$$

so kann eine Teilmenge zweiter Klasse von Z_n offenbar keinen Punkt eines solchen verkleinerten Teilrechtecks enthalten. Enthielte sie einen solchen Punkt, so wäre sie, da ihre Diagonale nicht größer als ε_n ist, ganz in dem zugehörigen $\langle \alpha, \beta; \gamma, \delta \rangle$ enthalten. Alle Teilmengen zweiter Klasse von Z_n liegen also in dem Gebiet, das man aus $\langle a, b; c, d \rangle$ durch Herausschneiden der Rechtecke $\langle \alpha + \varepsilon_n, \beta - \varepsilon_n; \gamma + \varepsilon_n, \delta - \varepsilon_n \rangle$ erhält. Besteht nun $\mathfrak{Z}$ aus p Zeilen und q Spalten von Teilrechtecken, so ist der Inhalt des genannten Gebiets kleiner als

$$2\,\varepsilon_n (p + q - 2).$$

Folglich ist

$$\sigma_n < 2\,\varepsilon_n (p + q - 2).$$

Daraus ersehen wir, daß

$$\lim \sigma_n = 0$$

ist.

Z können wir uns so gewählt denken, daß

$$S(Z) < S + \frac{\eta}{2}$$

ist (η eine vorgelegte positive Zahl). Fast alle $S(Z_n)$ erfüllen dann die Ungleichungen

$$S \leqq S(Z_n) \leqq S_n + \frac{\eta}{2} < S(Z) + \frac{\eta}{2} < S + \eta.$$

Daraus geht aber hervor, daß

$$\lim S(Z_n) = S$$

ist.

Betrachten wir wieder eine spezielle Zerlegung Z von $\mathfrak{P}$, die zu der Zerlegung $\mathfrak{Z}$ von $\langle a, b; c, d \rangle$ gehört, und verstehen wir unter $S(\mathfrak{Z})$ dieselbe Summe wie in § 3. Dann unterscheiden sich $S(Z)$ und $S(\mathfrak{Z})$ um weniger als

$$\varkappa(\mathfrak{P}) \cdot K.$$

---

[1] Wenn n genügend groß ist, wird ε_n kleiner als $\frac{\beta - \alpha}{2}$ und $\frac{\delta - \gamma}{2}$ sein.

Dabei bedeutet $\varkappa(\mathfrak{P})$ die Summe der kritischen Teilrechtecke von $\mathfrak{Z}$ und K die obere Grenze von $|f(x, y)|$. Wenn $\mathfrak{Z}$ eine ausgezeichnete Zerlegungsfolge durchläuft, so wird $\lim \varkappa(\mathfrak{P}) = 0$, also

$$\lim \{S(Z) - S(\mathfrak{Z})\} = 0.$$

Andererseits aber ist

$$\lim S(\mathfrak{Z}) = \iint_{\mathfrak{P}} \overline{f}(x, y)\, dx\, dy,$$

mithin

$$\lim S(Z) = S = \iint_{\mathfrak{P}} \overline{f}(x, y)\, dx\, dy.$$

Demnach gilt folgender Satz:

Ist $Z_1, Z_2, Z_3, \ldots$ eine ausgezeichnete Zerlegungsfolge der quadrierbaren beschränkten Punktmenge $\mathfrak{P}$ und $f(x, y)$ eine in $\mathfrak{P}$ definierte beschränkte Funktion, so hat man:[1]

$$\lim s(Z_n) = \underline{\iint_{\mathfrak{P}}} f(x, y)\, dx\, dy, \qquad \lim S(Z_n) = \iint_{\mathfrak{P}} \overline{f}(x, y)\, dx\, dy,$$

Wenn $f(x, y)$ in $\mathfrak{P}$ integrierbar, also

$$\underline{\iint_{\mathfrak{P}}} f(x, y)\, dx\, dy = \iint_{\mathfrak{P}} \overline{f}(x, y)\, dx\, dy,$$

ist, hat man

$$\lim s(Z_n) = \lim S(Z_n) = \iint_{\mathfrak{P}} f(x, y)\, dx\, dy.$$

$\mathfrak{P}_1, \mathfrak{P}_2, \ldots, \mathfrak{P}_r$ seien die Teilmengen von Z und x_ϱ, y_ϱ ein Punkt von $\mathfrak{P}_\varrho$. Dann ist

$$m(\mathfrak{P}_\varrho) \leqq f(x_\varrho, y_\varrho) \leqq M(\mathfrak{P}_\varrho)$$

und daher

$$s(Z) \leqq \sum_{\varrho=1}^{r} p_\varrho f(x_\varrho, y_\varrho) \leqq S(Z).$$

Durchläuft Z eine ausgezeichnete Zerlegungsfolge $Z_1, Z_2, Z_3, \ldots$, so wird, falls $f(x, y)$ integrierbar ist,

$$\lim \mathfrak{S}(Z) = \lim \sum_{\varrho=1}^{r} p_\varrho f(x_\varrho, y_\varrho) = \iint_{\mathfrak{P}} f(x, y)\, dx\, dy.$$

§ 30. Zerlegungssatz.

$\mathfrak{P}_1, \mathfrak{P}_2, \ldots, \mathfrak{P}_r$ sei eine Zerlegung der quadrierbaren beschränkten Punktmenge $\mathfrak{P}$. In $\mathfrak{P}$ sei die beschränkte Funktion $f(x, y)$ definiert.

Jedes $\mathfrak{P}_\varrho$ unterwerfen wir einer Zerlegung $Z^{(\varrho)}$. Auf diese Weise entsteht eine Zerlegung Z von $\mathfrak{P}$.

[1] Um die erste Formel zu beweisen, wende man die zweite auf $-f$ an.

Offenbar ist nun

$$s(Z) = \sum s_\varrho(Z^{(\varrho)}),$$
$$S(Z) = \sum S_\varrho(Z^{(\varrho)}).$$

Die Ausdrücke s_ϱ, S_ϱ beziehen sich auf die Menge $\mathfrak{P}_\varrho$.

Durchlaufen die $Z^{(\varrho)}$ gleichzeitig ausgezeichnete Zerlegungsfolgen, so tut Z dasselbe, und man erhält

$$\underline{\iint_{\mathfrak{P}}} f(x, y)\, dx\, dy = \sum_{\varrho=1}^{r} \underline{\iint_{\mathfrak{P}_\varrho}} f(x, y)\, dx\, dy,$$

$$\overline{\iint_{\mathfrak{P}}} f(x, y)\, dx\, dy = \sum_{\varrho=1}^{r} \overline{\iint_{\mathfrak{P}_\varrho}} f(x, y)\, dx\, dy.$$

Hieraus folgt

$$\overline{\iint_{\mathfrak{P}}} - \underline{\iint_{\mathfrak{P}}} = \sum \left\{ \overline{\iint_{\mathfrak{P}_\varrho}} - \underline{\iint_{\mathfrak{P}_\varrho}} \right\}.$$

Verschwindet die linke Seite, so verschwinden auch alle Glieder der rechten Seite und umgekehrt. Wenn eine Funktion in der quadrierbaren beschränkten Punktmenge $\mathfrak{P}$ integrierbar ist, so ist sie es auch in jeder quadrierbaren Teilmenge von $\mathfrak{P}$. Ist sie in jeder Teilmenge einer Zerlegung von $\mathfrak{P}$ integrierbar, so ist sie es auch in $\mathfrak{P}$ und man hat

$$\iint_{\mathfrak{P}} f(x, y)\, dx\, dy = \sum_{\varrho=1}^{r} \iint_{\mathfrak{P}} f(x, y)\, dx\, dy.$$

§ 31. Abbildungen.

Wir sagen von zwei Punktmengen $\mathfrak{P}$ und $\overline{\mathfrak{P}}$, daß sie aufeinander abgebildet sind, wenn folgende Beziehung zwischen ihnen besteht.

Jedem Punkt von $\mathfrak{P}$ ist ein Punkt von $\overline{\mathfrak{P}}$ zugeordnet, aber so, daß verschiedenen Punkten von $\mathfrak{P}$ verschiedene Punkte von $\overline{\mathfrak{P}}$ entsprechen, und zu jedem Punkt von $\overline{\mathfrak{P}}$ gibt es einen Punkt in $\mathfrak{P}$, dem er zugeordnet ist.

Man sieht sofort, daß diese Aussagen ihre Gültigkeit behalten, wenn man $\mathfrak{P}$ und $\overline{\mathfrak{P}}$ vertauscht.

Wir wollen uns hier mit gewissen Abbildungen eines Rechtecks beschäftigen.

In dem Rechteck $\langle a, b;\ c, d \rangle$ seien zwei Funktionen $u(x, y)$, $v(x, y)$ definiert, die stetige Ableitungen

$$\frac{\partial u}{\partial x} = u_1(x, y), \quad \frac{\partial u}{\partial y} = u_2(x, y),$$
$$\frac{\partial v}{\partial x} = v_1(x, y), \quad \frac{\partial v}{\partial y} = v_2(x, y)$$

besitzen.[1] Außerdem soll in $\langle a, b;\ c, d\rangle$ die Ungleichung

$$\begin{vmatrix} u_1(x, y) & u_2(x, y) \\ v_1(x, y) & v_2(x, y) \end{vmatrix} > 0$$

gelten, d. h. die Funktionaldeterminante von $u(x, y)$, $v(x, y)$ soll in dem ganzen Rechteck positiv sein.

Endlich nehmen wir an, daß nur dann die Gleichungen

$$u(x, y) = u(x', y'), \quad v(x, y) = v(x', y')$$

stattfinden, wenn $x = x'$, $y = y'$ ist, wenn also die Punkte (x, y) und (x', y') zusammenfallen.

Durch die Gleichungen

$$(*) \qquad u = u(x, y), \quad v = v(x, y)$$

wird jedem Punkt (x, y) ein Punkt (u, v) zugeordnet.[2] Den Punkten von $\langle a, b;\ c, d\rangle$, deren Inbegriff wir mit $\mathfrak{P}$ bezeichnen wollen, entspricht auf diese Weise eine Punktmenge $\overline{\mathfrak{P}}$, und $\mathfrak{P}$ und $\overline{\mathfrak{P}}$ sind in dem vorhin definierten Sinne aufeinander abgebildet.

In der Tat gehören zu verschiedenen Punkten (x, y), (x', y') verschiedene Punkte (u, v), (u', v').

(x_0, y_0) sei ein Punkt im Innern des Rechtecks $\mathfrak{P}$ und (u_0, v_0) sein Bildpunkt in $\overline{\mathfrak{P}}$. Es sei also

$$u_0 = u(x_0, y_0), \quad v_0 = v(x_0, y_0).$$

Setzen wir

$$\omega(x, y) = \{u(x, y) - u_0\}^2 + \{v(x, y) - v_0\}^2,$$

so sind die Funktionen

$$\omega(x, c), \quad \omega(x, d)$$

in $\langle a, b\rangle$, die Funktionen

$$\omega(a, y), \quad \omega(b, y)$$

in $\langle c, d\rangle$ stetig und größer als Null.[3] Nach § 1 hat jede einen kleinsten Wert, der also auch größer als Null ist. Es gibt daher eine positive Zahl δ, so daß auf dem Rande von $\mathfrak{P}$ überall

$$\omega(x, y) \geqq \delta^2$$

ist.

---

[1] u, v sind dann ebenfalls stetig.

[2] x, y und u, v betrachten wir als rechtwinklige Koordinaten (in bezug auf dieselben oder auch verschiedene Achsen).

[3] Nur (x_0, y_0) hat nämlich den Bildpunkt (u_0, v_0).

Bezeichnen wir den Rand von $\mathfrak{P}$ mit $\mathfrak{R}$ und ist $\bar{\mathfrak{R}}$ das Bild von $\mathfrak{R}$, so ist jeder Punkt der Menge $\bar{\mathfrak{R}}$ von (u_0, v_0) wenigstens um δ entfernt.

Nun sei (u', v') ein Punkt, der von (u_0, v_0) höchstens um $\delta/2$ entfernt ist. Dann gilt auf dem ganzen Rande von $\mathfrak{P}$ die Ungleichung

$$\{u(x, y) - u'\}^2 + \{v(x, y) - v'\}^2 \geqq \frac{\delta^2}{4}.$$

Die Funktion

$$\varphi(x, y) = \{u(x, y) - u'\}^2 + \{v(x, y) - v'\}^2$$

ist also an der Stelle (x_0, y_0) nicht größer als $\delta^2/4$, auf dem Rande von $\mathfrak{P}$ aber wenigstens gleich $\delta^2/4$. Ihr kleinster Wert kommt daher an einer Stelle (x', y') im Innern von $\mathfrak{P}$ vor. Da an dieser Stelle

$$\frac{\partial \varphi}{\partial x} = 0, \quad \frac{\partial \psi}{\partial y} = 0$$

sein muß, so hat man

$$\{u(x', y') - u')\} u_1(x', y') + \{v(x', y') - v'\} v_1(x', y') = 0,$$
$$\{u(x', y') - u')\} u_2(x', y') + \{v(x', y') - v'\} v_2(x', y') = 0.$$

Daraus folgt aber, weil

$$\begin{vmatrix} u_1(x', y') & v_1(x', y') \\ u_2(x', y') & v_2(x', y') \end{vmatrix} > 0$$

ist,

$$u(x', y') = u', \quad v(x', y') = v'.$$

(u', v') gehört also zu $\bar{\mathfrak{P}}$. Damit ist folgender Satz gewonnen:

Wenn (u_0, v_0) der Bildpunkt eines Punktes im Innern von $\mathfrak{P}$ ist, so läßt sich um (u_0, v_0) ein Kreis beschreiben, der nur Punkte von $\bar{\mathfrak{P}}$ enthält. Man nennt solche Punkte innere Punkte von $\bar{\mathfrak{P}}$.

Wir werden später sehen, daß kein Punkt von $\bar{\mathfrak{R}}$ ein innerer Punkt von $\bar{\mathfrak{P}}$ ist.

Da jeder Punkt (u, v) von $\bar{\mathfrak{P}}$ in $\mathfrak{P}$ seinen bestimmten Bildpunkt hat, so gibt es in $\bar{\mathfrak{P}}$ zwei Funktionen $x(u, v)$, $y(u, v)$, so daß durch die Gleichungen

(**) $$x = x(u, v), \quad y = y(u, v)$$

jedem Punkt von $\bar{\mathfrak{P}}$ gerade der Punkt von $\mathfrak{P}$ zugeordnet wird, dem er vermöge der Gleichungen (*) entspricht. Man nennt

$$x(u, v), \quad y(u, v)$$

das zu $u(x, y)$, $v(x, y)$ inverse Funktionensystem.

$\bar{\mathfrak{p}}_1, \bar{\mathfrak{p}}_2, \bar{\mathfrak{p}}_3, \ldots$ sei eine konvergente Punktfolge in $\bar{\mathfrak{P}}$, und man habe

$$\lim \bar{\mathfrak{p}}_n = \bar{\mathfrak{q}}.$$

Es läßt sich zeigen, daß auch $\bar{\mathfrak{q}}$ zu $\mathfrak{P}$ gehört[1] und daß

$$\lim x(\bar{\mathfrak{p}}_n) = x(\bar{\mathfrak{q}}), \quad \lim y(\bar{\mathfrak{p}}_n) = y(\bar{\mathfrak{q}})$$

ist.

$\mathfrak{p}_n$ sei der Bildpunkt von $\bar{\mathfrak{p}}_n$ in $\mathfrak{P}$. Dann können wir aus $\mathfrak{p}_1, \mathfrak{p}_2, \mathfrak{p}_3, \ldots$ eine konvergente Teilfolge $\mathfrak{q}_1, \mathfrak{q}_2, \mathfrak{q}_3, \ldots$ herausheben. Ist $\mathfrak{q}$ ihr Grenzpunkt, so konvergiert $\bar{\mathfrak{q}}_n$, der Bildpunkt von $\mathfrak{q}_n$, nach dem Bildpunkt von $\mathfrak{q}$; das folgt aus der Stetigkeit von $u(x, y)$, $v(x, y)$. Der Bildpunkt von $\mathfrak{q}$ ist also $\bar{\mathfrak{q}}$. Damit haben wir gezeigt, daß $\bar{\mathfrak{q}}$ zu $\bar{\mathfrak{P}}$ gehört. Zugleich aber sehen wir, daß jede konvergente Teilfolge von $\mathfrak{p}_1, \mathfrak{p}_2, \mathfrak{p}_3, \ldots$ nach $\mathfrak{q}$, dem Bildpunkt von $\bar{\mathfrak{q}}$ konvergiert. Daraus ergibt sich, daß $\mathfrak{p}_1, \mathfrak{p}_2, \mathfrak{p}_3, \ldots$ selbst nach $\mathfrak{q}$ konvergiert.

Die Funktionen $x(u, v)$, $y(u, v)$ sind also in $\bar{\mathfrak{P}}$ stetig.

Nun sei (u, v) ein innerer Punkt von $\bar{\mathfrak{P}}$. Dann ist im Falle $\bar{h}^2 + \bar{k}^2 < \varepsilon^2$ [2] auch $(u + \bar{h}, v + \bar{k})$ ein Punkt von $\bar{\mathfrak{P}}$. Nun hat man, wenn (x, y) und $(x + h, y + k)$ die Bildpunkte von (u, v) und $(u + \bar{h}, v + \bar{k})$ sind,

$$(\dagger) \qquad \begin{cases} \bar{h} = h u_1(\xi, \eta) + k u_2(\xi, \eta), \\ \bar{k} = h v_1(\xi', \eta') + k v_2(\xi', \eta'). \end{cases}$$

Die Punkte (ξ, η), (ξ', η') liegen auf der Verbindungsstrecke von (x, y) und $(x + h, y + k)$.

Wenn $\bar{h}$ und $\bar{k}$ nach Null konvergieren, so machen h und k dasselbe, wegen der Stetigkeit von $x(u, v)$, $y(u, v)$. Daher wird $\lim \xi = \lim \xi' = x$, $\lim \eta = \lim \eta' = y$ und, wegen der Stetigkeit von u_1, u_2, v_1, v_2,

$$\lim \begin{vmatrix} u_1(\xi, \eta) & u_2(\xi, \eta) \\ v_1(\xi', \eta') & v_2(\xi', \eta') \end{vmatrix} = \begin{vmatrix} u_1(x, y) & u_2(x, y) \\ v_1(x, y) & v_2(x, y) \end{vmatrix} > 0.$$

Wir können deshalb ruhig annehmen, daß

$$\begin{vmatrix} u_1(\xi, \eta) & u_2(\xi, \eta) \\ v_1(\xi', \eta') & v_2(\xi', \eta') \end{vmatrix} > 0$$

ist. Wir brauchen in der Folge, die der Punkt $(u + \bar{h}, v + \bar{k})$ bei dem Grenzübergang durchläuft, nur eine endliche Anzahl von Gliedern zu streichen.

Jetzt lassen sich die Gleichungen $(\dagger)$ nach h, k auflösen und es ergibt sich dabei

$$(\dagger\dagger) \qquad \begin{cases} h = \dfrac{\bar{h} v_2(\xi', \eta') - \bar{k} u_2(\xi, \eta)}{D}, \\[2ex] k = \dfrac{-\bar{h} v_1(\xi', \eta') + \bar{k} u_1(\xi, \eta)}{D}. \end{cases}$$

---

[1] Wegen dieser Eigenschaft nennt man die Punktmenge $\bar{\mathfrak{P}}$ abgeschlossen.

[2] ε ist eine passend gewählte Zahl.

Setzt man $\bar{k} = 0$ und läßt $\bar{h}$ ($\gtrless 0$) nach Null konvergieren, so findet man

$$\frac{\partial x}{\partial u} = \lim \frac{h}{\bar{h}} = \frac{v_2(x, y)}{u_1(x, y)\, v_2(x, y) - u_2(x, y)\, v_1(x, y)},$$

$$\frac{\partial y}{\partial u} = \lim \frac{k}{\bar{h}} = \frac{-v_1(x, y)}{u_1(x, y)\, v_2(x, y) - u_2(x, y)\, v_1(x, y)}.$$

Setzt man $\bar{h} = 0$ und läßt $\bar{k}$ ($\gtrless 0$) nach Null konvergieren, so findet man

$$\frac{\partial x}{\partial v} = \lim \frac{h}{\bar{k}} = \frac{-u_2(x, y)}{u_1(x, y)\, v_2(x, y) - u_2(x, y)\, v_1(x, y)},$$

$$\frac{\partial y}{\partial v} = \lim \frac{k}{\bar{k}} = \frac{u_1(x, y)}{u_1(x, y)\, v_2(x, y) - u_2(x, y)\, v_1(x, y)}.$$

Damit ist nicht nur die Existenz von $\frac{\partial x}{\partial u}, \frac{\partial x}{\partial v}, \frac{\partial y}{\partial u}, \frac{\partial y}{\partial v}$ im Innern von $\mathfrak{P}$ bewiesen, sondern man sieht zugleich, daß diese Ableitungen stetig sind. Denn x, y sind stetige Funktionen von u, v, ferner u_1, u_2, v_1, v_2 stetige Funktionen von x, y, und der Nenner $u_1 v_2 - u_2 v_1$ ist von Null verschieden.

Konstruieren wir um einen beliebigen inneren Punkt (u_0, v_0) von $\mathfrak{P}$ ein Quadrat $u_0 - \varepsilon$, $u_0 + \varepsilon$, $v_0 - \varepsilon$, $v_0 + \varepsilon$, das nur innere Punkte von $\mathfrak{P}$ enthält, so erfüllen die Funktionen $x(u, v)$, $y(u, v)$ in $\langle u_0 - \varepsilon, u_0 + \varepsilon;$ $v_0 - \varepsilon, v_0 + \varepsilon\rangle$ genau dieselben Bedingungen wie $u(x, y)$, $v(u, v)$ in $\langle a, b;\, c, d\rangle$.

$x(u, v)$, $y(u, v)$ haben nämlich in $\langle u_0 - \varepsilon, u_0 + \varepsilon;\, v_0 - \varepsilon, v_0 + \varepsilon\rangle$ stetige Ableitungen $\frac{\partial x}{\partial u}, \frac{\partial x}{\partial v}, \frac{\partial y}{\partial u}, \frac{\partial y}{\partial v}$ und es ist

$$\begin{vmatrix} \frac{\partial x}{\partial u} & \frac{\partial x}{\partial v} \\ \frac{\partial y}{\partial u} & \frac{\partial y}{\partial v} \end{vmatrix} = \frac{1}{u_1 v_2 - u_2 v_1} > 0.$$

Ferner entsprechen vermöge der Gleichungen

$$x = x(u, v), \quad y = y(u, v)$$

verschiedenen Punkten (u, v) verschiedene Punkte (x, y).

Wir können also sicher sein, daß zu einem inneren Punkt von $\langle u_0 - \varepsilon, u_0 + \varepsilon;\, v_0 - \varepsilon, v_0 + \varepsilon\rangle$ ein innerer Punkt von $\mathfrak{P}$ als Bildpunkt gehört. Insbesondere ist der Bildpunkt von (u_0, v_0) ein innerer Punkt von $\mathfrak{P}$.

Wir sehen hieraus, daß *nur* den inneren Punkten von $\mathfrak{P}$ innere Punkte von $\mathfrak{P}$ entsprechen.

Die Punkte (u, v), die nicht zu $\mathfrak{P}$ gehören, bezeichnet man als *äußere* Punkte von $\mathfrak{P}$. Ist m (m') der kleinste und M (M') der größte Wert von $u(x, y)$ bzw. $v(x, y)$ in dem Rechteck $\mathfrak{P}$, so sind alle Punkte der (u, v)-Ebene, die außerhalb des Rechtecks $\langle m, M;\, m', M'\rangle$ liegen, äußere Punkte von $\mathfrak{P}$.

Um jeden äußeren Punkt $\bar{\mathfrak{q}}$ von $\bar{\mathfrak{P}}$ läßt sich ein Kreis beschreiben, der keinen Punkt von $\bar{\mathfrak{P}}$ enthält. Wäre das nicht der Fall, so würde es in dem Kreise vom Radius $1/n$ einen Punkt $\bar{\mathfrak{p}}_n$ geben, der zu $\bar{\mathfrak{P}}$ gehört. $(n = 1, 2, 3, \ldots)$ Dann wäre aber $\lim \bar{\mathfrak{p}}_n = \bar{\mathfrak{q}}$ und wegen der Abgeschlossenheit von $\bar{\mathfrak{P}}$ müßte $\bar{\mathfrak{q}}$ zu $\bar{\mathfrak{P}}$ gehören.

Außer den inneren und den äußeren Punkten von $\bar{\mathfrak{P}}$ gibt es in der (u, v)-Ebene nur noch die Punkte $\bar{\mathfrak{R}}$, die dem Rand von $\mathfrak{P}$ entsprechen. Man nennt sie die Randpunkte von $\bar{\mathfrak{P}}$.

Wenn $\bar{\mathfrak{a}}$ ein innerer und $\bar{\mathfrak{b}}$ ein äußerer Punkt von $\bar{\mathfrak{P}}$ ist, so gibt es auf den Geraden $\bar{\mathfrak{a}}\,\bar{\mathfrak{b}}$ zwischen $\bar{\mathfrak{a}}$ und $\bar{\mathfrak{b}}$ einen Randpunkt von $\bar{\mathfrak{P}}$.

Wenn der Mittelpunkt der Strecke $\bar{\mathfrak{a}}\,\bar{\mathfrak{b}}$ kein Randpunkt ist, so wird die eine Hälfte von $\bar{\mathfrak{a}}\,\bar{\mathfrak{b}}$, sie heiße $\bar{\mathfrak{a}}_1\,\bar{\mathfrak{b}}_1$, von dem inneren Punkt $\bar{\mathfrak{a}}_1$ und dem äußeren Punkt $\bar{\mathfrak{b}}_1$ begrenzt. Ist der Mittelpunkt von $\bar{\mathfrak{a}}_1\,\bar{\mathfrak{b}}_1$ noch kein Randpunkt, so führt man das Verfahren weiter. Entweder kommt man nach einer endlichen Anzahl von Halbierungen zu einem Randpunkt von $\bar{\mathfrak{P}}$ oder der Prozeß läßt sich ins Unendliche fortsetzen. Dann ist aber der gemeinsame Grenzpunkt der Folgen $\bar{\mathfrak{a}}_1, \bar{\mathfrak{a}}_2, \bar{\mathfrak{a}}_3, \ldots$ und $\bar{\mathfrak{b}}_1, \bar{\mathfrak{b}}_2, \bar{\mathfrak{b}}_3, \ldots$ ein Randpunkt von $\bar{\mathfrak{P}}$. Als Grenzpunkt der ersten Folge gehört er zu $\bar{\mathfrak{P}}$, als Grenzpunkt der zweiten Folge kann er kein innerer Punkt von $\bar{\mathfrak{P}}$ sein.

§ 32. Der Inhalt von $\bar{\mathfrak{P}}$.

Wir wollen das Rechteck $\langle a, b;\ c, d\rangle$ durch Parallelen zu den Achsen in n^2 gleiche Teile zerlegen und diese Zerlegung $\mathfrak{Z}_n$ nennen. $\mathfrak{p}, \mathfrak{p}', \mathfrak{p}'', \mathfrak{p}'''$ seien beliebige Punkte, die in demselben Teilrechteck liegen. Jeder der drei Ausdrücke

$$\begin{vmatrix} u_1(\mathfrak{p}) & u_1(\mathfrak{p}') \\ v_1(\mathfrak{p}'') & v_1(\mathfrak{p}''') \end{vmatrix}, \quad \begin{vmatrix} u_2(\mathfrak{p}) & u_2(\mathfrak{p}') \\ v_2(\mathfrak{p}'') & v_2(\mathfrak{p}''') \end{vmatrix}, \quad \begin{vmatrix} u_1(\mathfrak{p}) & u_2(\mathfrak{p}') \\ v_1(\mathfrak{p}'') & v_2(\mathfrak{p}''') \end{vmatrix}$$

hat in einem solchen Teilrechteck eine bestimmte Schwankung;[1] σ sei die größte unter den drei Schwankungen. Der größte Wert von σ in den einzelnen Teilrechtecken von $\mathfrak{Z}_n$ werde mit σ_n bezeichnet.

Aus der Stetigkeit von $u_1(x, y)$, $u_2(x, y)$, $v_1(x, y)$, $v_2(x, y)$ folgt, daß

$$\lim \sigma_n = 0$$

ist.

$\langle\alpha, \beta;\ \gamma, \delta\rangle$ sei ein Teilrechteck von $\mathfrak{Z}_n$ und (x_0, y_0) oder $\mathfrak{p}_0$ sein Mittelpunkt. $(x_0 + h, y_0 + k)$ sei ein Punkt auf dem Rande von $\langle\alpha, \beta;\ \gamma, \delta\rangle$. Mit (u_0, v_0), $(u_0 + \bar{h}, v_0 + \bar{k})$ bezeichnen wir die Bildpunkte von (x_0, y_0) und $(x_0 + h, y_0 + k)$. Dann ist (vgl. S. 66)

[1] Die Schwankung ist die Differenz zwischen dem größten und kleinsten Wert des betreffenden Ausdrucks.

$$\bar{h} = u_1(\mathfrak{p})\,h + u_2(\mathfrak{p})\,k,$$
$$\bar{k} = v_1(\mathfrak{q})\,h + v_2(\mathfrak{q})\,k.$$

$\mathfrak{p}$ und $\mathfrak{q}$ liegen sicher in $\langle\alpha, \beta;\ \gamma, \delta\rangle$.

Aus diesen Formeln folgt nun

$$\begin{vmatrix} \bar{h} & u_2(\mathfrak{p}_0) \\ \bar{k} & v_2(\mathfrak{p}_0) \end{vmatrix} = h \begin{vmatrix} u_1(\mathfrak{p}) & u_2(\mathfrak{p}_0) \\ v_1(\mathfrak{q}) & v_2(\mathfrak{p}_0) \end{vmatrix} + k \begin{vmatrix} u_2(\mathfrak{p}) & u_2(\mathfrak{p}_0) \\ v_2(\mathfrak{q}) & v_2(\mathfrak{p}_0) \end{vmatrix},$$

$$\begin{vmatrix} u_1(\mathfrak{p}_0) & \bar{h} \\ v_1(\mathfrak{p}_0) & \bar{k} \end{vmatrix} = h \begin{vmatrix} u_1(\mathfrak{p}_0) & u_1(\mathfrak{p}) \\ v_1(\mathfrak{p}_0) & v_1(\mathfrak{q}) \end{vmatrix} + k \begin{vmatrix} u_1(\mathfrak{p}_0) & u_2(\mathfrak{p}) \\ v_1(\mathfrak{p}_0) & v_2(\mathfrak{q}) \end{vmatrix}.$$

Setzen wir zur Abkürzung

$$D(\mathfrak{p}_0) = \begin{vmatrix} u_1(\mathfrak{p}_0) & u_2(\mathfrak{p}_0) \\ v_1(\mathfrak{p}_0) & v_2(\mathfrak{p}_0) \end{vmatrix},$$

so lassen sich die obigen Gleichungen in folgender Form schreiben:

$$\bar{h}\,v_2(\mathfrak{p}_0) - \bar{k}\,u_2(\mathfrak{p}_0) = h\,\varepsilon_1 + k\,\varepsilon_1' + h\,D(\mathfrak{p}_0),$$
$$-\bar{h}\,v_1(\mathfrak{p}_0) + \bar{k}\,u_1(\mathfrak{p}_0) = h\,\varepsilon_2 + k\,\varepsilon_2' + k\,D(\mathfrak{p}_0).$$

$\varepsilon_1, \varepsilon_2, \varepsilon_1', \varepsilon_2'$ sind ihrem Betrage nach kleiner als σ_n.

Im Falle[1]

$$h = \pm r, \quad -s \leqq k \leqq s$$

liegt $h\,\varepsilon_1 + k\,\varepsilon_1' + h\,D(\mathfrak{p}_0)$ zwischen

$$-(r+s)\,\sigma_n \pm r\,D(\mathfrak{p}_0)$$

und

$$(r+s)\,\sigma_n \pm r\,D(\mathfrak{p}_0),$$

$h\,\varepsilon_2 + k\,\varepsilon_2' + k\,D(\mathfrak{p}_0)$ aber zwischen

$$-(r+s)\,\sigma_n - s\,D(\mathfrak{p}_0)$$

und

$$(r+s)\,\sigma_n + s\,D(\mathfrak{p}_0).$$

Im Falle

$$-r \leqq h \leqq r, \quad k = \pm s$$

liegt $h\,\varepsilon_2 + k\,\varepsilon_2' + k\,D(\mathfrak{p}_0)$ zwischen

$$-(r+s)\,\sigma_n \pm s\,D(\mathfrak{p}_0)$$

und

$$(r+s)\,\sigma_n \pm s\,D(\mathfrak{p}_0),$$

$h\,\varepsilon_1 + k\,\varepsilon_1' + h\,D(\mathfrak{p}_0)$ aber zwischen

$$-(r+s)\,\sigma_n - r\,D(\mathfrak{p}_0)$$

und

$$(r+s)\,\sigma_n + r\,D(\mathfrak{p}_0).$$

---

[1] r, s sind Abkürzungen für $\frac{1}{2}(\beta - \alpha)$ und $\frac{1}{2}(\delta - \gamma)$, also gleich den halben Seiten von $\langle\alpha, \beta;\ \gamma, \delta\rangle$.

Ist $\overline{\mathfrak{T}}$ die Teilmenge von $\overline{\mathfrak{P}}$, die dem Teilrechteck $\langle\alpha, \beta;\ \gamma, \delta\rangle$ entspricht, so können wir etwas über den Rand von $\overline{\mathfrak{T}}$ aussagen. Der Rand von $\overline{\mathfrak{T}}$ liegt in dem Parallelogramm[1]

$$|(u-u_0)v_2(\mathfrak{p}_0)-(v-v_0)u_2(\mathfrak{p}_0)| \leqq r\,D(\mathfrak{p}_0)+\sigma_n(r+s)$$
$$|-(u-u_0)v_1(\mathfrak{p}_0)+(v-v_0)u_1(\mathfrak{p}_0)| \leqq s\,D(\mathfrak{p}_0)+\sigma_n(r+s)$$

und außerhalb des Parallelogramms

$$|(u-u_0)v_2(\mathfrak{p}_0)-(v-v_0)u_2(\mathfrak{p}_0)| \leqq r\,D(\mathfrak{p}_0)-\sigma_n(r+s).$$
$$|-(u-u_0)v_1(\mathfrak{p}_0)+(v-v_0)u_1(\mathfrak{p}_0)| \leqq s\,D(\mathfrak{p}_0)-\sigma_n(r+s).$$

Da

$$r=\frac{b-a}{2n}, \qquad s=\frac{d-c}{2n}$$

ist, so wird

$$r\,D(\mathfrak{p}_0)-\sigma_n(r+s)=\frac{(b-a)\,D(\mathfrak{p}_0)-\sigma_n\{b-a+d-c\}}{2n}$$
$$s\,D(\mathfrak{p}_0)-\sigma_n(r+s)=\frac{(d-c)\,D(\mathfrak{p}_0)-\sigma_n\{b-a+d-c\}}{2n}.$$

$\mathfrak{m}$ sei der kleinste Wert von $D(\mathfrak{p})$ in $\langle a, b;\ c, d\rangle$. Er ist nach § 18 positiv. Sobald σ_n kleiner ist als

$$\frac{(b-a)\,\mathfrak{m}}{b-a+d-c} \quad \text{und} \quad \frac{(d-c)\,\mathfrak{m}}{b-a+d-c},$$

sind $r\,D(\mathfrak{p}_0)-\sigma_n(r+s)$ und $s\,D(\mathfrak{p}_0)-\sigma_n(r+s)$ positiv.

Aus § 31 können wir nun schließen, daß $\overline{\mathfrak{T}}$ in dem größeren Parallelogramm enthalten ist. Gäbe es nämlich außerhalb dieses Parallelogramms einen Punkt von $\overline{\mathfrak{T}}$, so müßte es ein innerer Punkt sein. Legt man durch ihn eine Gerade, die das Parallelogramm nicht trifft, so gibt es (wegen der Beschränktheit von $\overline{\mathfrak{P}}$) auf ihr äußere Punkte von $\overline{\mathfrak{T}}$. Nach § 31 müßte also auf dieser Geraden auch ein Randpunkt von $\overline{\mathfrak{T}}$ liegen, was aber nicht der Fall ist.

Ebenso folgt aus § 31, daß das kleinere der beiden Parallelogramme in $\overline{\mathfrak{T}}$ enthalten ist. Es enthält in der Tat einen inneren Punkt von $\overline{\mathfrak{T}}$, nämlich (u_0, v_0), aber keinen Randpunkt von $\overline{\mathfrak{T}}$. Daher kann in diesem Parallelogramm kein äußerer Punkt von $\overline{\mathfrak{T}}$ vorkommen.

Bezeichnen wir das kleinere und das größere Parallelogramm als das innere und äußere Parallelogramm, so ist $\overline{\mathfrak{P}}$ in der Vereinigung $\mathfrak{V}$ der äußeren Parallelogramme enthalten und enthält selbst die Vereinigung $\mathfrak{v}$ der inneren Parallelogramme. Der Inhalt $\mathfrak{V}$ ist nicht größer als die Summe S_n der äußeren Parallelogramme (vgl. § 26 Schluß), der Inhalt von $\mathfrak{v}$ aber gleich der Summe s_n der inneren Parallelogramme. Man hat also

$$s_n \leqq (\overline{\mathfrak{P}}) \leqq S_n.$$

[1] u, v sind hier die laufenden Koordinaten in der (u, v)-Ebene.

Die Summe S_n der äußeren Parallelogramme ist aber (vgl. § 27)

$$\sum \frac{4\{r\,D(\mathfrak{p}_0) + \sigma_n(r+s)\}\{s\,D(\mathfrak{p}_0) + \sigma_n(r+s)\}}{D(\mathfrak{p}_0)},$$

d. h. gleich

$$\sum 4\,r\,s\,D(\mathfrak{p}_0) + 4\,\sigma_n \sum (r+s)^2 + 4\,\sigma_n^{\,2} \sum \frac{(r+s)^2}{D(\mathfrak{p}_0)}.$$

Da

$$r = \frac{b-a}{2\,n}, \qquad s = \frac{d-c}{2\,n}$$

ist, so wird

$$\sum (r+s)^2 = n^2 \left(\frac{b-a+d-c}{2\,n}\right)^2 = \left(\frac{b-a+d-c}{2}\right)^2$$

und

$$\sum \frac{(r+s)^2}{D(\mathfrak{p}_0)} \leqq \frac{1}{\mathfrak{m}} \left(\frac{b-a+d-c}{2}\right)^2,$$

wobei $\mathfrak{m}$ wie früher den kleinsten Wert von $D(\mathfrak{p})$ bedeutet.

Für die Summe s_n der inneren Parallelogramme findet man

$$\sum 4\,r\,s\,D(\mathfrak{p}_0) - 4\,\sigma_n \sum (r+s)^2 + 4\,\sigma_n^{\,2} \sum \frac{(r+s)^2}{D(\mathfrak{p}_0)}.$$

Da nun

$$\lim s_n = \lim \sum 4\,r\,s\,D(\mathfrak{p}_0) = \iint \begin{vmatrix} u_1 & u_2 \\ v_1 & v_2 \end{vmatrix} dx\,dy$$

und

$$\lim S_n = \lim \sum 4\,r\,s\,D(\mathfrak{p}_0) = \iint \begin{vmatrix} u_1 & u_2 \\ v_1 & v_2 \end{vmatrix} dx\,dy$$

wird, wobei sich die Integration über das Rechteck $\langle a, b;\ c, d\rangle$ erstreckt, so ist auch der innere und der äußere Inhalt von $\mathfrak{P}$ gleich

$$\iint\limits_{\mathfrak{P}} \begin{vmatrix} u_1 & u_2 \\ v_1 & v_2 \end{vmatrix} dx\,dy.$$

$\mathfrak{P}$ ist also quadrierbar und sein Inhalt gleich der über $\mathfrak{P}$ integrierten Funktionaldeterminante von $u(x, y)$, $v(x, y)$.

§ 33. Transformation des Doppelintegrals.

$\mathfrak{P}$ und $\bar{\mathfrak{P}}$ seien zwei Punktmengen, die aufeinander abgebildet sind. Die Funktion f sei in $\mathfrak{P}$, die Funktion $\bar{f}$ in $\bar{\mathfrak{P}}$ definiert und in entsprechenden Punkten sei $f = \bar{f}$.

Man soll das Integral von $\bar{f}$ in $\bar{\mathfrak{P}}$ in ein über $\mathfrak{P}$ erstrecktes Integral verwandeln.

Wir wollen dieses Problem für den speziellen Fall behandeln, daß $\mathfrak{P}$ und $\bar{\mathfrak{P}}$ die in § 21 betrachteten Punktmengen sind, also $\mathfrak{P}$ das Rechteck $\langle a, b; c, d\rangle$ und $\bar{\mathfrak{P}}$ die Punktmenge, die aus $\mathfrak{P}$ durch die Abbildung

$$u = u(x, y), \quad v = v(x, y)$$

entsteht. Wir halten an den über u, v gemachten Voraussetzungen fest (vgl. S. 63). f möge beschränkt sein.

$\mathfrak{Z}$ sei eine Zerlegung von $\mathfrak{P}$ durch Parallelen zu den Achsen und $\mathfrak{T}$ ein Teilrechteck von $\mathfrak{Z}$. Ihm entspricht eine quadrierbare Teilmenge $\bar{\mathfrak{T}}$ von $\bar{\mathfrak{P}}$, deren Inhalt $\bar{t}$ sich nach § 32 in folgender Weise berechnet:

$$\bar{t} = \iint_{\mathfrak{T}} D(x, y)\, dx\, dy.$$

$D(x, y)$ ist die Funktionaldeterminante von $u(x, y)$, $v(x, y)$, also

$$D(x, y) = \begin{vmatrix} \dfrac{\partial u}{\partial x} & \dfrac{\partial u}{\partial y} \\ \dfrac{\partial v}{\partial x} & \dfrac{\partial v}{\partial y} \end{vmatrix}.$$

Sie wird (vgl. § 31) als positiv vorausgesetzt.

Die Mengen $\bar{\mathfrak{T}}$, die den einzelnen Teilrechtecken $\mathfrak{T}$ entsprechen, bilden eine Zerlegung $\bar{Z}$ von $\bar{\mathfrak{P}}$.[1] Ist σ die Maximalschwankung, die die Funktionen u, v in den Teilrechtecken von $\mathfrak{Z}$ zeigen, so ist die Maximaldiagonale von $\bar{Z}$ kleiner als 2σ. Hieraus geht hervor, daß einer ausgezeichneten Zerlegungsfolge $\mathfrak{Z}_1, \mathfrak{Z}_2, \mathfrak{Z}_3, \ldots$ von $\mathfrak{P}$ stets eine ausgezeichnete Zerlegungsfolge $\bar{Z}_1, \bar{Z}_2, \bar{Z}_3, \ldots$ von $\bar{\mathfrak{P}}$ entspricht. Denn wegen der Stetigkeit von u und v wird beim Durchlaufen einer ausgezeichneten Zerlegungsfolge $\mathfrak{Z}_1, \mathfrak{Z}_2, \mathfrak{Z}_3, \ldots$ $\lim \sigma = 0$ (vgl. § 18).

Wir wollen jetzt die beiden Ausdrücke

$$s(\bar{Z}) = \sum \bar{t}\, m(\bar{\mathfrak{T}}),$$
$$S(\bar{Z}) = \sum \bar{t}\, M(\bar{\mathfrak{T}})$$

betrachten. $m(\bar{\mathfrak{T}})$ bezeichnet die untere, $M(\bar{\mathfrak{T}})$ die obere Grenze von $\bar{f}$ in $\bar{\mathfrak{T}}$. Offenbar ist

$$m(\bar{\mathfrak{T}}) = m(\mathfrak{T}), \quad M(\bar{\mathfrak{T}}) = M(\mathfrak{T}),$$

wobei $m(\mathfrak{T})$, $M(\mathfrak{T})$ die untere und obere Grenze von f in $\mathfrak{T}$ bedeuten. Dies folgt aus der Voraussetzung, daß in entsprechenden Punkten immer $f = \bar{f}$ sein soll.

---

[1] Je zwei dieser Mengen haben höchstens eine Punktmenge vom Inhalt Null gemein.

Wir können also schreiben

$$s(\bar{Z}) = \sum m(\mathfrak{T}) \iint_{\mathfrak{T}} D(x, y)\, dx\, dy,$$

$$S(\bar{Z}) = \sum M(\mathfrak{T}) \iint_{\mathfrak{T}} D(x, y)\, dx\, dy.$$

$\mu(\mathfrak{T})$ sei die untere Grenze der Funktion $f(x, y) D(x, y)$ in $\mathfrak{T}$. Dann läßt sich in $\mathfrak{T}$ ein Punkt ξ, η so wählen, daß

(*) $$m(\mathfrak{T}) D(\xi, \eta) = \mu(\mathfrak{T})$$

ist. Es gibt nämlich in $\mathfrak{T}$ eine Punktfolge $\mathfrak{p}_1, \mathfrak{p}_2, \mathfrak{p}_3, \ldots$ mit der Eigenschaft

$$\lim f(\mathfrak{p}_n) = m(\mathfrak{T}).$$

Nun sei $\mathfrak{p}_1', \mathfrak{p}_2', \mathfrak{p}_3', \ldots$ eine konvergente Teilfolge von ihr mit dem Grenzpunkt $\mathfrak{p}'$. Dann hat man

$$\lim f(\mathfrak{p}_n') D(\mathfrak{p}_n') = m(\mathfrak{T}) D(\mathfrak{p}'),$$

und da $f(\mathfrak{p}_n') D(\mathfrak{p}_n') \geqq \mu(\mathfrak{T})$ ist, so folgt

$$m(\mathfrak{T}) D(\mathfrak{p}') \geqq \mu(\mathfrak{T}).$$

Andererseits gibt es in $\mathfrak{T}$ eine Punktfolge $\mathfrak{q}_1, \mathfrak{q}_2, \mathfrak{q}_3, \ldots$ mit der Eigenschaft

$$\lim f(\mathfrak{q}_n) D(\mathfrak{q}_n) = \mu(\mathfrak{T}).$$

Ist $\mathfrak{q}_1', \mathfrak{q}_2', \mathfrak{q}_3', \ldots$ eine konvergente Teilfolge von ihr mit dem Grenzpunkt $\mathfrak{q}'$, so hat man

$$m(\mathfrak{T}) D(\mathfrak{q}_n') \leqq f(\mathfrak{q}_n') D(\mathfrak{q}_n'),$$

also auch

$$\lim m(\mathfrak{T}) D(\mathfrak{q}_n') \leqq \lim f(\mathfrak{q}_n') D(\mathfrak{q}_n'),$$

d. h.

$$m(\mathfrak{T}) D(\mathfrak{q}') \leqq \mu(\mathfrak{T}).$$

Die stetige Funktion $m(\mathfrak{T}) D(x, y)$ nimmt, wie wir gesehen haben, in $\mathfrak{T}$ sowohl Werte an, die nicht kleiner als $\mu(\mathfrak{T})$ sind, als auch Werte, die nicht größer als $\mu(\mathfrak{T})$ sind. Daher gibt es in $\mathfrak{T}$ eine Stelle ξ, η, wo sie gleich $\mu(\mathfrak{T})$ wird.

Wir vergleichen jetzt $s(\bar{Z})$ mit dem Ausdruck[1]

$$\mathfrak{s}(\mathfrak{Z}) = \sum \mu(\mathfrak{T})\, t = \sum m(\mathfrak{T}) D(\xi, \eta)\, t.$$

Wegen der Stetigkeit von $D(x, y)$ gibt es in $\mathfrak{T}$ einen Punkt ξ', η' mit der Eigenschaft

$$\iint_{\mathfrak{T}} D(x, y)\, dx\, dy = D(\xi', \eta')\, t,$$

[1] t ist der Inhalt des Rechtecks $\mathfrak{T}$.

so daß wir schreiben können

$$s(\bar{Z}) - \acute{s}(\mathfrak{Z}) = \sum m(\mathfrak{T})\{D(\xi', \eta') - D(\xi, \eta)\}t.$$

$D(\xi_0', \eta_0') - D(\xi_0, \eta_0)$ sei die absolut größte unter den Differenzen $D(\xi', \eta') - D(\xi, \eta)$ und K die obere Grenze von $|f(x, y)|$ in $\mathfrak{P}$, endlich T der Inhalt des Rechtecks $\mathfrak{P}$, also $T = \sum t$.

Dann ist

$$|s(\bar{Z}) - \acute{s}(\mathfrak{Z})| < KT|D(\xi_0', \eta_0) - D(\xi_0, \eta_0)|.$$

Durchläuft $\mathfrak{Z}$ eine ausgezeichnete Zerlegungsfolge, so wird, da ξ_0, η_0 und ξ_0', η_0' demselben Teilrechteck $\mathfrak{T}$ angehören,

$$\lim (\xi_0' - \xi_0) = 0, \quad \lim (\eta_0' - \eta_0) = 0,$$

also wegen der Stetigkeit von $D(x, y)$, vgl. § 18,

$$\lim \{D(\xi_0', \eta_0') - D(\xi_0, \eta_0)\} = 0,$$

mithin auch

$$\lim \{s(\bar{Z}) - \acute{s}(\mathfrak{Z})\} = 0.$$

Da nun aber

$$\lim \acute{s}(\mathfrak{Z}) = \underline{\iint_{\mathfrak{P}}} f(x, y)\, D(x, y)\, dx\, dy$$

ist, so folgt

$$\lim s(\bar{Z}) = \underline{\iint_{\mathfrak{P}}} f(x, y)\, D(x, y)\, dx\, dy,$$

d. h.

$$(\dagger) \qquad \underline{\iint_{\bar{\mathfrak{P}}}} \bar{f}(u, v)\, du\, dv = \underline{\iint_{\mathfrak{P}}} f(x, y)\, D(x, y)\, dx\, dy.$$

Ebenso ergibt sich

$$(\dagger\dagger) \qquad \overline{\iint_{\bar{\mathfrak{P}}}} \bar{f}(u, v)\, du\, dv = \overline{\iint_{\mathfrak{P}}} f(x, y)\, D(x, y)\, dx\, dy.$$

Hierbei ist

$$f(x, y) = \bar{f}(u(x, y), v(x, y)).$$

und $\bar{f}$ unterliegt nur der Bedingung der Beschränktheit.

Aus $(\dagger)$ und $(\dagger\dagger)$ folgt

$$\overline{\iint_{\bar{\mathfrak{P}}}} \bar{f}\, du\, dv - \underline{\iint_{\bar{\mathfrak{P}}}} \bar{f}\, du\, dv = \overline{\iint_{\mathfrak{P}}} fD\, dx\, dy - \underline{\iint_{\mathfrak{P}}} fD\, dx\, dy.$$

Hieraus sieht man, daß aus der Integrierbarkeit von $\bar{f}$ in $\bar{\mathfrak{P}}$ die von fD in $\mathfrak{P}$ folgt und umgekehrt. Da D in $\mathfrak{P}$ stetig und größer als Null ist, so ist auch $\frac{1}{D}$ stetig. Aus der Integrierbarkeit von fD folgt also die von $fD \cdot \frac{1}{D} = f$ und umgekehrt. Wir können hiernach auch sagen: Aus der Integrierbarkeit von $\bar{f}$ in $\bar{\mathfrak{P}}$ folgt die von f in $\mathfrak{P}$ und umgekehrt.

Im Falle der Integrierbarkeit hat man die Formel

$$(\dagger\dagger\dagger) \qquad \iint_{\bar{\mathfrak{P}}} f(u, v)\, du\, dv = \iint_{\mathfrak{P}} f(x, y)\, D(x, y)\, dx\, dy\,.$$

$\mathfrak{Q}$ sei eine Teilmenge von $\mathfrak{P}$ und $\bar{\mathfrak{Q}}$ die entsprechende Teilmenge von $\bar{\mathfrak{P}}$. Setzt man in den Punkten von $\mathfrak{P}$, die nicht zu $\mathfrak{Q}$ gehören, überall $f(x, y) = 0$, so gehen die Formeln (†) und (††) in folgende über:

$$\underline{\iint_{\bar{\mathfrak{Q}}}} f\, du\, dv = \underline{\iint_{\mathfrak{Q}}} f\, D\, dx\, dy,$$

$$\overline{\iint_{\bar{\mathfrak{Q}}}} f\, du\, dv = \overline{\iint_{\mathfrak{Q}}} f\, D\, dx\, dy.$$

Im Falle $f = 1$ ersieht man hieraus, daß der innere und der äußere Inhalt von $\bar{\mathfrak{Q}}$ gleich dem unteren bzw. oberen Integral von $D(x, y)$, erstreckt über $\mathfrak{Q}$ ist.

Ist $\mathfrak{Q}$ quadrierbar, so ist auch $\bar{\mathfrak{Q}}$ quadrierbar und hat den Inhalt

$$\iint_{\mathfrak{Q}} D(x, y)\, dx\, dy.$$

Die Bedingungen, die wir in § 31 den Funktionen u, v auferlegt haben, sind z. B. erfüllt, wenn

$$u = a_1 x + b_1 y + c_1,$$
$$v = a_2 x + b_2 y + c_2$$

und

$$a_1 b_2 - a_2 b_1 > 0$$

ist. Die a, b, c sind Konstanten.

$\mathfrak{Q}$ sei eine beschränkte Punktmenge in der (x, y)-Ebene und $\bar{\mathfrak{Q}}$ ihr Bild in der (u, v)-Ebene. Dann gelten die Formeln (†) und (††). Ist f in $\mathfrak{Q}$ integrierbar, so gilt die Formel (†††).

Bei einer solchen linearen Abbildung wird aus jeder quadrierbaren beschränkten Punktmenge wieder eine solche und der Inhalt multipliziert sich mit $a_1 b_2 - a_2 b_1$.

Drittes Kapitel.

Bogenlängen und Flächeninhalte.

§ 34. Definition der Bogenlänge.

Wir betrachten eine Kurve im Raum, die durch die Gleichungen

$$x = f(t), \quad y = g(t), \quad z = h(t) \qquad (\alpha \leqq t \leqq \beta)$$

dargestellt sein möge. x, y, z seien rechtwinklige Koordinaten.

Das Intervall $\langle\alpha, \beta\rangle$ werde in die Teilintervalle

$$\langle t_{\nu-1}, t_\nu\rangle$$

zerlegt ($\alpha = t_0 < t_1 < \ldots < t_{p-1} < t_p = \beta$) und P_ν sei der Punkt mit den Koordinaten $f(t_\nu)$, $g(t_\nu)$, $h(t_\nu)$.

Verbinden wir die Punkte $P_0, P_1, \ldots, P_p$ der Reihe nach geradlinig, so entsteht ein der Kurve einbeschriebener **Sehnenzug**.

Die Länge dieses Sehnenzuges wollen wir mit $l(\mathfrak{Z})$ bezeichnen, wobei wir unter $\mathfrak{Z}$ die auf das Intervall $\langle\alpha, \beta\rangle$ ausgeübte Zerlegung verstehen.

Wenn jeder ausgezeichneten Zerlegungsfolge eine konvergente $l(\mathfrak{Z})$-Folge entspricht, so soll die betrachtete Kurve **rektifizierbar** heißen. Alle ausgezeichneten $l(\mathfrak{Z})$-Folgen[1] streben dann demselben Grenzwert l zu. Sind nämlich $\mathfrak{Z}_1, \mathfrak{Z}_2, \mathfrak{Z}_3, \ldots$ und $\mathfrak{Z}_1', \mathfrak{Z}_2', \mathfrak{Z}_3', \ldots$ ausgezeichnete Zerlegungsfolgen, so gilt dasselbe von $\mathfrak{Z}_1, \mathfrak{Z}_1', \mathfrak{Z}_2, \mathfrak{Z}_2', \ldots$

Diesen gemeinsamen Grenzwert l der ausgezeichneten $l(\mathfrak{Z})$-Folgen nennt man die **Bogenlänge** der Kurve.

Wenn $\mathfrak{Z}_1, \mathfrak{Z}_2, \mathfrak{Z}_3, \ldots$ eine ausgezeichnete Zerlegungsfolge ist, deren Glieder aus $\mathfrak{Z}$ durch Weiterteilung hervorgehen, so hat man

$$l(\mathfrak{Z}) \leqq l(\mathfrak{Z}_n),$$

mithin im Falle der Rektifizierbarkeit

$$l(\mathfrak{Z}) \leqq l.$$

Hieraus folgt, da

$$l(\mathfrak{Z}) = \sum \sqrt{\{f(t_\nu) - f(t_{\nu-1})\}^2 + \{g(t_\nu) - g(t_{\nu-1})\}^2 + \{h(t_\nu) - h(t_{\nu-1})\}^2}$$

ist,

$$\sum |f(t_\nu) - f(t_{\nu-1})| \leqq l.$$
$$\sum |g(t_\nu) - g(t_{\nu-1})| \leqq l.$$
$$\sum |h(t_\nu) - h(t_{\nu-1})| \leqq l.$$

$f(t)$, $g(t)$, $h(t)$ sind also **von beschränkter Variation**. Dies ist aber für die Existenz der Bogenlänge noch nicht ausreichend. τ sei eine Stelle im Innern von $\langle\alpha, \beta\rangle$ und $\mathfrak{Z}$ eine Zerlegung, bei der τ nicht als Teilpunkt figuriert. $\bar{\mathfrak{Z}}$ sei die Zerlegung, die aus $\mathfrak{Z}$ durch Hinzufügung des Teilpunktes τ entsteht. Das Teilintervall von $\mathfrak{Z}$, in welchem τ liegt, sei $\langle\tau_1, \tau_2\rangle$. Dann ist

$$\begin{aligned} l(\bar{\mathfrak{Z}}) - l(\mathfrak{Z}) = &\sqrt{\{f(\tau_1) - f(\tau)\}^2 + \{g(\tau_1) - g(\tau)\}^2 + \{h(\tau_1) - h(\tau)\}^2} \\ &+ \sqrt{\{f(\tau_2) - f(\tau)\}^2 + \{g(\tau_2) - g(\tau)\}^2 + \{h(\tau_2) - h(\tau)\}^2} \\ &- \sqrt{\{f(\tau_1) - f(\tau_2)\}^2 + \{g(\tau_1) - g(\tau_2)\}^2 + \{h(\tau_1) + h(\tau_2)\}^2}. \end{aligned}$$

Lassen wir $\mathfrak{Z}$ eine ausgezeichnete Zerlegungsfolge durchlaufen, so wird

$$\lim l(\bar{\mathfrak{Z}}) = \lim l(\mathfrak{Z}) = l,$$

[1] D. h. alle $l(\mathfrak{Z})$-Folgen, die zu ausgezeichneten Zerlegungsfolgen gehören.

also
$$\lim \{l(\bar{\mathfrak{Z}}) - l(\mathfrak{Z})\} = 0,$$
mithin [1]
$$\sqrt{\{f(\tau-0)-f(\tau)\}^2+\{g(\tau-0)-g(\tau)\}^2+\{h(\tau-0)-h(\tau)\}^2}$$
$$+\sqrt{\{f(\tau+0)-f(\tau)\}^2+\{g(\tau+0)-g(\tau)\}^2+\{h(\tau+0)-h(\tau)\}^2}$$
$$-\sqrt{\{f(\tau-0)-f(\tau+0)\}^2+\{g(\tau-0)-g(\tau+0)\}^2+\{h(\tau-0)-h(\tau+0)\}^2}=0.$$
T' sei der Punkt mit den Koordinaten
$$f(\tau-0),\ g(\tau-0),\ h(\tau-0),$$
T'' der Punkt mit den Koordinaten
$$f(\tau+0),\ g(\tau+0),\ h(\tau+0)$$
und T der Punkt mit den Koordinaten
$$f(\tau),\ g(\tau),\ h(\tau).$$
Dann lautet die obige Gleichung
$$T'T + TT'' = T'T''.$$
Sie sagt aus, daß in dem Dreieck $T'TT''$ die Seite $T'T''$ gleich der Summe der andern beiden Seiten ist. Daraus ergibt sich, daß T auf der Verbindungsstrecke von T' und T'' liegt.

Sind $f(t)$, $g(t)$, $h(t)$ an der Stelle τ stetig, so ist diese Bedingung von selbst erfüllt. Dann fallen nämlich T' und T'' mit T zusammen.

Jetzt wollen wir zeigen, daß die gefundenen Bedingungen für die Existenz der Bogenlänge hinreichend sind.

Da $f(t)$, $g(t)$, $h(t)$ von beschränkter Variation sein sollen, gibt es eine Zahl K, so daß
$$\sum |f(t_{\nu-1}) - f(t_\nu)| < K,$$
$$\sum |g(t_{\nu-1}) - g(t_\nu)| < K,$$
$$\sum |h(t_{\nu-1}) - h(t_\nu)| < K$$

[1] $f(x+0)$ und $f(x-0)$ sind die Grenzwerte von $f(x+h)$ bzw. $f(x-h)$ für den Fall, daß h durch positive Werte nach Null konvergiert. Wenn $f(x)$ in einer gewissen Umgebung von x von beschränkter Variation ist, existieren diese Grenzwerte und sind unabhängig von der Art, wie man $h\ (>0)$ nach Null konvergieren läßt. Man erinnere sich, daß eine Funktion von beschränkter Variation in zwei monotone Summanden zerlegbar ist (vgl. § 7). Um die Richtigkeit des Satzes für eine monotone Funktion $\varphi(x)$ nachzuweisen, lasse man zuerst h eine monotone Folge $h_1, h_2, h_3, \ldots$ durchlaufen. Dann durchlaufen $\varphi(x+h_n)$, $\varphi(x-h_n)$ beschränkte monotone Folgen, konvergieren also nach gewissen Grenzwerten $\varphi(x+0)$, $\varphi(x-0)$. Konvergiert $h\ (>0)$ in irgend einer andern Weise nach Null, so liegen fast alle h zwischen 0 und h_ν, also fast alle $\varphi(x+h)$ zwischen $\varphi(x+0)$ und $\varphi(x+h_\nu)$, fast alle $\varphi(x-h)$ zwischen $\varphi(x-0)$ und $\varphi(x-h_\nu)$. Man kann aber ν so wählen, daß $\varphi(x+h_\nu)$ und $\varphi(x-h_\nu)$ beliebig nahe an $\varphi(x+0)$ bzw. $\varphi(x-0)$ liegen. Daraus geht hervor, daß $\lim \varphi(x+h) = \varphi(x+0)$, $\lim \varphi(x-h) = \varphi(x-0)$ ist.

ist, wie man auch die Zerlegung $\mathfrak{Z}$ wählen mag. Daraus folgt, daß

$$l(\mathfrak{Z}) < 3K$$

ist. Die $l(\mathfrak{Z})$, die den verschiedenen Zerlegungen $\mathfrak{Z}$ entsprechen, bilden also eine beschränkte Zahlenmenge. l sei die obere Grenze der $l(\mathfrak{Z})$, d. h. die kleinste Zahl, die von keinem $l(\mathfrak{Z})$ übertroffen wird.

$\bar{\mathfrak{Z}}$ sei so gewählt, daß

$$l(\bar{\mathfrak{Z}}) > l - \frac{\varepsilon}{2}$$

ist und $\mathfrak{Z}_1, \mathfrak{Z}_2, \mathfrak{Z}_3, \ldots$ sei eine ausgezeichnete Zerlegungsfolge. Fast alle $\mathfrak{Z}_n$ haben dann die Eigenschaft, in jedem Teilintervall höchstens einen Teilpunkt von $\bar{\mathfrak{Z}}$ zu enthalten. Die übrigen $\mathfrak{Z}_n$ wollen wir beiseite lassen.

$\bar{\mathfrak{Z}}_n$ entstehe aus $\mathfrak{Z}_n$ durch Hinzufügung der Teilpunkte von $\bar{\mathfrak{Z}}$. Dann ist

$$l(\bar{\mathfrak{Z}}_n) \geqq l(\mathfrak{Z}_n) \quad \text{und} \quad l(\bar{\mathfrak{Z}}_n) \geqq l(\bar{\mathfrak{Z}}).$$

Ist τ ein Teilpunkt von $\bar{\mathfrak{Z}}$ im Innern des Intervalls $\langle \alpha_n, \beta_n \rangle$ von $\mathfrak{Z}_n$, so unterscheiden sich $l(\bar{\mathfrak{Z}}_n)$ und $l(\mathfrak{Z}_n)$ um p_n Ausdrücke wie[1]

$$\begin{aligned} d_n = & \sqrt{\{f(\alpha_n) - f(\tau)\}^2 + \{g(\alpha_n) - g(\tau)\}^2 + \{h(\alpha_n) - h(\tau)\}^2} \\ & + \sqrt{\{f(\tau) - f(\beta_n)\}^2 + \{g(\tau) - g(\beta_n)\}^2 + \{h(\tau) - h(\beta_n)\}^2} \\ & - \sqrt{\{f(\alpha_n) - f(\beta_n)\}^2 + \{g(\alpha_n) - g(\beta_n)\}^2 + h(\alpha_n) - h(\beta_n)\}^2}. \end{aligned}$$

Nun hat man aber

$$\lim d_n = 0,$$

also auch

$$\lim \{l(\bar{\mathfrak{Z}}_n) - l(\mathfrak{Z}_n)\} = 0.$$

Fast alle $l(\mathfrak{Z}_n)$ erfüllen daher die Ungleichung

$$l(\bar{\mathfrak{Z}}_n) - l(\mathfrak{Z}_n) < \frac{\varepsilon}{2}.$$

Da $l(\bar{\mathfrak{Z}}_n)$ dem Intervall $\langle l - \frac{\varepsilon}{2}, l \rangle$ angehört, so ist für fast alle $l(\mathfrak{Z}_n)$

$$l - \varepsilon < l(\mathfrak{Z}_n) \leqq l.$$

Dies bedeutet aber, daß

$$\lim l(\mathfrak{Z}_n) = l$$

ist.

Will man die Abhängigkeit der Bogenlänge l von den Grenzen des Intervalls $\langle \alpha, \beta \rangle$ hervorheben, so schreibt man für l

$$l(\alpha, \beta).$$

Wenn $l(\alpha, \beta)$ existiert und $\langle \alpha', \beta' \rangle$ in $\langle \alpha, \beta \rangle$ enthalten ist, so existiert auch $l(\alpha', \beta')$. Die für die Rektifizierbarkeit charakteristischen

[1] p_n ist höchstens gleich der Anzahl p der Teilpunkte von $\bar{\mathfrak{Z}}$.

Bedingungen haben eine solche Beschaffenheit, daß sie in jedem Teilintervall von $\langle\alpha, \beta\rangle$ erfüllt sind, wenn ihnen in $\langle\alpha, \beta\rangle$ genügt wird.

Ist $\alpha < \gamma < \beta$, so gilt die Formel

$$l(\alpha, \gamma) + l(\gamma, \beta) = l(\alpha, \beta).$$ [1]

Um das zu erkennen, braucht man nur eine ausgezeichnete Zerlegungsfolge zu betrachten, deren Glieder aus der Zerlegung $\langle\alpha, \gamma\rangle$, $\langle\gamma, \beta\rangle$ durch Weiterteilung entstehen.

§ 35. Bogenlänge einer stetigen Kurve.

Wir wollen jetzt annehmen, daß $f(t)$, $g(t)$, $h(t)$ in $\langle\alpha, \beta\rangle$ stetig und von beschränkter Variation sind. Dann existiert nach § 34 die Bogenlänge $l(\alpha, \beta)$.

Es soll gezeigt werden, daß die Funktion

$$l(\alpha, \beta) \qquad (\alpha \leqq t \leqq \beta)$$

bei β stetig ist.

Diese Funktion ist in $\langle\alpha, \beta\rangle$ aufsteigend; denn man hat

$$l(\alpha, t+h) = l(\alpha, t) + l(t, t+h).$$
$$(\alpha \leqq t < t+h \leqq \beta)$$

Es existiert daher der Grenzwert

$$l(\alpha, \beta - 0).$$

Wäre nun

$$l(\alpha, \beta - 0) < l(\alpha, \beta),$$

so müßte

$$l(\beta - 0, \beta) > 0$$

sein.

$\mathfrak{Z}$ sei eine Zerlegung von $\langle\alpha, \beta\rangle$ mit den p-Teilintervallen $\langle t_{\nu-1}, t_\nu\rangle$. Der zugehörige Ausdruck $l(\mathfrak{Z})$ läßt sich dann so schreiben

$$l(\mathfrak{Z}) = \sum_{\nu=1}^{p-1} \sqrt{\{f(t_{\nu-1}) - f(t_\nu)\}^2 + \{g(t_{\nu-1}) - g(t_\nu)\}^2 + \{h(t_{\nu-1}) - h(t_\nu)\}^2}$$
$$+ \sqrt{\{f(t_{p-1}) - f(\beta)\}^2 + \{g(t_{p-1}) - g(\beta)\}^2 + \{h(t_{p-1}) - h(\beta)\}^2}.$$

Durchläuft $\mathfrak{Z}$ eine ausgezeichnete Zerlegungsfolge, so wird wegen der Stetigkeit von f, g, h

$$\lim \sqrt{\{f(t_{p-1}) - f(\beta)\}^2 + \{g(t_{p-1}) - g(\beta)\}^2 + \{h(t_{p-1}) - h(\beta)\}^2} = 0,$$

mithin

$$\lim \sum_{\nu=1}^{p-1} \sqrt{\{f(t_{\nu-2}) - f(t_\nu)\}^2 + \{g(t_{\nu-1}) - g(t_\nu)\}^2 + \{h(t_{\nu-1}) - h(t_\nu)\}^2} = l(\alpha, \beta);$$

---

[1] Setzt man $l(\alpha, \alpha) = 0$ und $l(\beta, \beta) = 0$, so gilt diese Formel auch für $\gamma = \alpha$ und $\gamma = \beta$.

$\mathfrak{Z}$ läßt sich daher so wählen, daß

$$\sum_{\nu=1}^{p-1} \sqrt{\{f(t_{\nu-1}) - f(t_\nu)\}^2 + \{g(t_{\nu-1}) - g(t_\nu)\}^2 + \{h(t_{\nu-1}) - h(t_\nu)\}^2} > \tfrac{1}{2}\, l(t_0, \beta)$$

wird.[1]

Wendet man dieselbe Betrachtung auf das Intervall $\langle t_{p-1}, \beta\rangle$ an, so ergibt sich, daß bei passender Wahl von $t_p, t_{p+1}, \ldots, t_{q-1}$ $(t_{p-1} < t_p < \ldots < t_{q-1} < \beta)$

$$\sum_{\nu=p}^{q-1} \sqrt{\{f(t_{\nu-1}) - f(t_\nu)\}^2 + \{g(t_{\nu-1}) - g(t_\nu)\}^2 + \{h(t_{\nu-1}) - h(t_\nu)\}^2} > \tfrac{1}{2}\, l(t_p, \beta)$$

wird.

Fährt man in dieser Weise fort, so ergibt sich eine Folge $t_0, t_1, t_2, \ldots$ $(t_0 < t_1 < t_2 < \ldots)$ von solcher Beschaffenheit, daß die unendliche Reihe

$$\sum \sqrt{\{f(t_{\nu-1}) - f(t_\nu)\}^2 + \{g(t_{\nu-1}) - g(t_\nu)\}^2 + \{h(t_{\nu-1}) - h(t_\nu)\}^2}$$

divergiert. Man bedenke nur, daß

$$l(t_0, \beta),\ l(t_p, \beta),\ \ldots$$

alle größer als

$$l(\beta - 0, \beta) > 0$$

sind.

Aus der Divergenz der obigen Reihe ist nun zu entnehmen, daß wenigstens eine der Reihen

$$\sum |f(t_{\nu-1}) - f(t_\nu)|, \quad \sum |g(t_{\nu-1}) - g(t_\nu)|, \quad \sum |h(t_{\nu-1}) - h(t_\nu)|$$

ebenfalls divergent ist. Darin liegt aber ein Widerspruch mit der Voraussetzung, daß f, g, h von beschränkter Variation sind.

Es ist also

$$l(\beta - 0, \beta) = 0$$

und

$$l(\alpha, \beta - 0) = l(\alpha, \beta).$$

Aus demselben Grunde ist

$$l(\alpha, \alpha + 0) = 0 \quad \text{und} \quad l(\alpha + 0, \beta) = l(\alpha, \beta).$$

Auf Grund der Formel

$$l(\alpha, \beta) = l(\alpha, \gamma) + l(\gamma, \beta)$$

läßt sich dann erkennen, daß $l(\alpha, t)$ in dem ganzen Intervall $\langle\alpha, \beta\rangle$ stetig ist.

---

[1] Da $l(\beta - 0, \beta) > 0$ ist, muß auch $l(\alpha, \beta) > 0$ sein.

§ 36. Integralausdruck für die Bogenlänge.

$f(t)$, $g(t)$, $h(t)$ mögen in $\langle\alpha, \beta\rangle$ integrierbare Ableitungen besitzen. Außerdem sei die untere Grenze m^2 von

$$f'^2(t) + g'^2(t) + h'^2(t)$$

ungleich Null.

Unter diesen Voraussetzungen läßt sich zeigen, daß

$$l(\alpha, \beta) = \int\limits_\alpha^\beta \sqrt{f'^2 + g'^2 + h'^2}\, dt$$

ist.

Nach dem Mittelwertsatz der Differentialrechnung hat man

$$\sqrt{\{f(t_{\nu-1}) - f(t_\nu)\}^2 + \{g(t_{\nu-1}) - g(t_\nu)\}^2 + \{h(t_{\nu-1}) - h(t_\nu)\}^2}$$
$$= (t_\nu - t_{\nu-1})\sqrt{f'^2(\alpha_\nu) + g'^2(\beta_\nu) + h'^2(\gamma_\nu)}$$

und α_ν, β_ν, γ_ν liegen zwischen $t_{\nu-1}$ und t_ν.

Die Differenz der beiden Ausdrücke $l(\mathfrak{Z})$ und[1]

$$\mathfrak{S}(\mathfrak{Z}) = \sum (t_\nu - t_{\nu-1})\sqrt{f'^2(\bar t_\nu) + g'^2(\bar t_\nu) + h'^2(\bar t_\nu)}$$

ist ihrem Betrage nach kleiner als

$$\sum (t_\nu - t_{\nu-1})\frac{|f'^2(\alpha_\nu) - f'^2(\bar t_\nu)|}{m}$$
$$+ \sum (t_\nu - t_{\nu-1})\frac{|g'^2(\beta_\nu) - g'^2(\bar t_\nu)|}{m}$$
$$+ \sum (t_\nu - t_{\nu-1})\frac{|h'^2(\gamma_\nu) - h'^2(\bar t_\nu)|}{m}.$$

Nennt man die Schwankung von f'^2, g'^2, h'^2 in $\langle t_{\nu-1}, t_\nu\rangle$ σ_ν, σ_ν', σ_ν'', so wird also

$$|l(\mathfrak{Z}) - \mathfrak{S}(\mathfrak{Z})| \leqq \frac{1}{m}\sum (t_\nu - t_{\nu-1})(\sigma_\nu + \sigma_\nu' + \sigma_\nu'').$$

Durchläuft $\mathfrak{Z}$ eine ausgezeichnete $\mathfrak{Z}$-Folge, so wird (vgl. § 1)

$$\lim \sum (t_\nu - t_{\nu-1})(\sigma_\nu + \sigma_\nu' + \sigma_\nu'') = 0.$$

Außerdem ist aber

$$\lim l(\mathfrak{Z}) = l(\alpha, \beta),$$

weil f, g, h nach §§ 9, 10 stetig und von beschränkter Variation sind.

$\mathfrak{S}(\mathfrak{Z})$ strebt also ebenfalls dem Grenzwert $l(\alpha, \beta)$ zu.

---

[1] $t_{\nu-1} \leqq \bar t_\nu \leqq t_\nu$.

Wenn f', g', h' in $\langle\alpha, \beta\rangle$ stetig sind und nirgends die Quadratsumme Null haben, sind unsere Voraussetzungen erfüllt. Da alsdann auch $\sqrt{f'^2 + g'^2 + h'^2}$ stetig ist, hat (vgl. § 5)

$$l(\alpha, t) = \int_a^t \sqrt{f'^2 + g'^2 + h'^2}\, dt$$

die Ableitung

$$\sqrt{f'^2(t) + g'^2(t) + h'^2(t)},$$

und das Differential von $l(a, t)$ lautet

$$\sqrt{dx^2 + dy^2 + dz^2}.$$

Man nennt diesen Ausdruck deshalb das Bogendifferential.

§ 37. Definition des Flächeninhalts.

Die drei Funktionen

$$x(u, v), \quad y(u, v), \quad z(u, v)$$

mögen in $\langle a, b;\ c, d\rangle$ stetige Ableitungen besitzen, und in der Matrix

$$\begin{matrix} x_1 = \dfrac{\partial x}{\partial u}, & y_1 = \dfrac{\partial y}{\partial u}, & z_1 = \dfrac{\partial z}{\partial u} \\ x_2 = \dfrac{\partial x}{\partial v}, & y_2 = \dfrac{\partial y}{\partial v}, & z_2 = \dfrac{\partial z}{\partial v} \end{matrix}$$

seien nie alle zweireihigen Determinanten gleich Null.

Außerdem wollen wir annehmen, daß durch die Gleichungen

$$x = x(u, v), \quad y = y(u, v), \quad z = z(u, v)$$

verschiedenen Punkten von $\langle a, b;\ c, d\rangle$ verschiedene Punkte (x, y, z) im Raume zugeordnet werden. Den Inbegriff dieser Punkte nennen wir eine Fläche und bezeichnen ihn mit $\mathfrak{F}$.

Die Ebene

$$\begin{vmatrix} X - x, & Y - y, & Z - z \\ \dfrac{\partial x}{\partial u} & \dfrac{\partial y}{\partial u} & \dfrac{\partial z}{\partial u} \\ \dfrac{\partial x}{\partial v} & \dfrac{\partial y}{\partial v} & \dfrac{\partial z}{\partial v} \end{vmatrix}$$

$$= (X - x)A(\mathfrak{p}) + (Y - y)B(\mathfrak{p}) + (Z - z)C(\mathfrak{p}) = 0$$

heißt die Tangentialebene von $\mathfrak{F}$ in Punkte (x, y, z).

$\mathfrak{Q}$ sei eine in $\langle a, b;\ c, d\rangle$ enthaltene quadrierbare Punktmenge und Z eine Zerlegung von $\mathfrak{Q}$ in quadrierbare Teilmengen.

Wegen der Stetigkeit der Ableitungen von $x(u, v)$, $y(u, v)$, $z(u, v)$ läßt sich δ so wählen, daß

$$\begin{vmatrix} A(\mathfrak{p}) & x_1(\mathfrak{p}') & x_2(\mathfrak{p}') \\ B(\mathfrak{p}) & y_1(\mathfrak{q}') & y_2(\mathfrak{q}') \\ C(\mathfrak{p}) & z_1(\mathfrak{r}') & z_2(\mathfrak{r}') \end{vmatrix} > 0$$

ist, sobald die gegenseitigen Abstände der Punkte $\mathfrak{p}$, $\mathfrak{p}'$, $\mathfrak{q}'$, $\mathfrak{r}'$ kleiner als δ sind.

Der Punktmenge $\mathfrak{Q}$ entspricht ein Teil $\bar{\mathfrak{Q}}$ von $\mathfrak{F}$ und jeder Teilmenge $\mathfrak{T}$ von Z ein Teil $\bar{\mathfrak{T}}$ von $\bar{\mathfrak{Q}}$. $\bar{\mathfrak{p}}_0$ sei ein beliebiger Punkt von $\bar{\mathfrak{T}}$, $\mathfrak{p}_0$ der entsprechende Punkt von $\mathfrak{T}$ und $\mathfrak{E}_0$ die Tangentialebene von $\mathfrak{F}$ im Punkte $\bar{\mathfrak{p}}_0$.

Projizieren wir $\bar{\mathfrak{T}}$ senkrecht auf $\mathfrak{E}_0$, so haben verschiedene Punkte von $\bar{\mathfrak{T}}$ verschiedene Projektionen, sobald die Maximaldiagonale von Z kleiner als δ ist.

(x, y, z) und $(x + h, y + k, z + l)$ seien zwei verschiedene Punkte von $\bar{\mathfrak{T}}$ und (u, v), $(u + \varrho, v + \sigma)$ die entsprechenden Punkte von $\mathfrak{T}$. Dann ist

$$\begin{aligned} h &= \varrho\, x_1(\mathfrak{p}') + \sigma\, x_2(\mathfrak{p}'), \\ k &= \varrho\, y_1(\mathfrak{q}') + \sigma\, y_2(\mathfrak{q}'), \\ l &= \varrho\, z_1(\mathfrak{r}') + \sigma\, z_2(\mathfrak{r}') \end{aligned}$$

und $\mathfrak{p}'$, $\mathfrak{q}'$, $\mathfrak{r}'$ liegen auf der Verbindungsstrecke von (u, v) und $(u + \varrho, v + \sigma)$. Infolgedessen sind die gegenseitigen Abstände der Punkte $\mathfrak{p}_0$, $\mathfrak{p}'$, $\mathfrak{q}'$, $\mathfrak{r}'$ kleiner als δ.[1]

Hätten (x, y, z) und $(x + h, y + k, z + l)$ dieselbe Projektion auf $\mathfrak{E}_0$, so müßte

$$h = -\lambda A(\mathfrak{p}_0), \quad k = -\lambda B(\mathfrak{p}_0), \quad l = -\lambda C(\mathfrak{p}_0)$$

sein, ohne daß λ verschwindet. Man hätte also

$$\begin{aligned} \lambda A(\mathfrak{p}_0) + \varrho\, x_1(\mathfrak{p}') + \sigma\, x_2(\mathfrak{p}') &= 0, \\ \lambda B(\mathfrak{p}_0) + \varrho\, y_1(\mathfrak{q}') + \sigma\, y_2(\mathfrak{q}') &= 0, \\ \lambda C(\mathfrak{p}_0) + \varrho\, z_1(\mathfrak{r}') + \sigma\, z_2(\mathfrak{r}') &= 0 \end{aligned}$$

und $\lambda \gtreqless 0$. Daraus würde folgen

$$\begin{vmatrix} A(\mathfrak{p}_0) & x_1(\mathfrak{p}') & x_2(\mathfrak{p}') \\ B(\mathfrak{p}_0) & y_1(\mathfrak{q}') & y_2(\mathfrak{q}') \\ C(\mathfrak{p}_0) & z_1(\mathfrak{r}') & z_2(\mathfrak{r}') \end{vmatrix} = 0.$$

Wir wissen aber, daß diese Gleichung nicht stattfindet.

Sobald wir also annehmen, daß die Maximaldiagonale von Z kleiner als δ ist, können wir sicher sein, daß sich verschiedene Punkte von $\bar{\mathfrak{T}}$ verschieden auf $\mathfrak{E}_0$ projizieren.

---

[1] Man denke an die Definition der Diagonale und Maximaldiagonale.

Die Punkte von $\bar{\mathfrak{T}}$ und die Punkte der Projektion (sie heiße $\mathfrak{T}'$) sind dann im Sinne von § 31 aufeinander abgebildet. Dasselbe gilt folglich von $\mathfrak{T}$ und $\mathfrak{T}'$.

Um die Funktionen zu finden, die $\mathfrak{T}$ auf $\mathfrak{T}'$ abbilden, legen wir durch $\bar{\mathfrak{p}}_0$ drei rechtwinklige Achsen $\bar{\mathfrak{p}}_0\mathfrak{x}$, $\bar{\mathfrak{p}}_0\mathfrak{y}$, $\bar{\mathfrak{p}}_0\mathfrak{z}$, und zwar so, daß $\mathfrak{E}_0$ die $(\mathfrak{x}, \mathfrak{y})$-Ebene wird.

Die alten und die neuen Koordinaten hängen durch Formeln von folgender Gestalt zusammen

$$\mathfrak{x} = \alpha_1 x + \beta_1 y + \gamma_1 z + \delta_1,$$
$$\mathfrak{y} = \alpha_2 x + \beta_2 y + \gamma_2 z + \delta_2,$$
$$\mathfrak{z} = \alpha_3 x + \beta_3 y + \gamma_3 z + \delta_3.$$

$\alpha_1, \beta_1, \gamma_1;\ \alpha_2, \beta_2, \gamma_2;\ \alpha_3, \beta_3, \gamma_3$ sind die Richtungskosinus der neuen Achsen. Insbesondere ist also

$$\alpha_3 = \frac{A(\mathfrak{p}_0)}{R(\mathfrak{p}_0)}, \quad \beta_3 = \frac{B(\mathfrak{p}_0)}{R(\mathfrak{p}_0)}, \quad \gamma_3 = \frac{C(\mathfrak{p}_0)}{R(\mathfrak{p}_0)},$$

wobei wir

$$\sqrt{A^2(\mathfrak{p}_0) + B^2(\mathfrak{p}_0) + C^2(\mathfrak{p}_0)} = R(\mathfrak{p}_0)$$

gesetzt haben.

Die Abbildung von $\mathfrak{T}$ auf $\mathfrak{T}'$ wird durch die Gleichungen

$$\mathfrak{x} = \alpha_1 x + \beta_1 y + \gamma_1 z + \delta_1,$$
$$\mathfrak{y} = \alpha_2 x + \beta_2 y + \gamma_2 z + \delta_2$$

vermittelt. Die Funktionaldeterminante

$$\begin{vmatrix} \mathfrak{x}_1(u, v) & \mathfrak{x}_2(u, v) \\ \mathfrak{y}_1(u, v) & \mathfrak{y}_2(u, v) \end{vmatrix}$$

ist gleich

$$\begin{vmatrix} \beta_1 & \gamma_1 \\ \beta_2 & \gamma_2 \end{vmatrix} A(\mathfrak{p}) + \begin{vmatrix} \gamma_1 & \alpha_1 \\ \gamma_2 & \alpha_2 \end{vmatrix} B(\mathfrak{p}) + \begin{vmatrix} \alpha_1 & \beta_1 \\ \alpha_2 & \beta_2 \end{vmatrix} C(\mathfrak{p})$$

oder auf Grund der bekannten Relationen zwischen den α, β, γ gleich

$$\frac{A(\mathfrak{p}_0)\,A(\mathfrak{p}) + B(\mathfrak{p}_0)\,B(\mathfrak{p}) + C(\mathfrak{p}_0)\,C(\mathfrak{p})}{R(\mathfrak{p}_0)}.$$

Nun ist

$$A(\mathfrak{p}_0)\,A(\mathfrak{p}) + B(\mathfrak{p}_0)\,B(\mathfrak{p}) + C(\mathfrak{p}_0)\,C(\mathfrak{p}) = \begin{vmatrix} A(\mathfrak{p}_0) & x_1(\mathfrak{p}) & x_2(\mathfrak{p}) \\ B(\mathfrak{p}_0) & y_1(\mathfrak{p}) & y_2(\mathfrak{p}) \\ C(\mathfrak{p}_0) & z_1(\mathfrak{p}) & z_2(\mathfrak{p}) \end{vmatrix} > 0,$$

weil $\mathfrak{p}_0$ und $\mathfrak{p}$ um weniger als δ voneinander entfernt sind.

Die Abbildung zwischen $\mathfrak{T}$ und $\mathfrak{T}'$ ist also gerade von der Art, wie wir sie in § 31 betrachteten. Es gilt daher die Formel

$$\iint\limits_{\mathfrak{T}'} d\mathfrak{x}\,d\mathfrak{y} = \iint\limits_{\mathfrak{T}} \begin{vmatrix} \mathfrak{x}_1 & \mathfrak{x}_2 \\ \mathfrak{y}_1 & \mathfrak{y}_2 \end{vmatrix} du\,dv$$

oder, wenn wir den Inhalt von $\mathfrak{T}'$ mit t' bezeichnen,

$$t' = \iint_{\mathfrak{T}} \frac{A(\mathfrak{p}_0)\,A(\mathfrak{p}) + B(\mathfrak{p}_0)\,B(\mathfrak{p}) + C(\mathfrak{p}_0)\,C(\mathfrak{p})}{R(\mathfrak{p}_0)}\, d\,u\, d\,v.$$

Denken wir uns $\mathfrak{T}$ in ein möglichst kleines Rechteck $\mathfrak{R}$ eingeschlossen, dessen Seiten parallel zur u- bzw. v-Achse sind, so hat jede der stetigen Funktionen

$$\left|\frac{A(\mathfrak{p}_0)}{R(\mathfrak{p}_0)} - \frac{A(\mathfrak{p})}{R(\mathfrak{p})}\right|, \quad \left|\frac{B(\mathfrak{p}_0)}{R(\mathfrak{p}_0)} - \frac{B(\mathfrak{p})}{R(\mathfrak{p})}\right|, \quad \left|\frac{C(\mathfrak{p}_0)}{R(\mathfrak{p}_0)} - \frac{C(\mathfrak{p})}{R(\mathfrak{p})}\right|$$

in $\mathfrak{R}$ einen größten Wert. $\mathfrak{d}$ sei der größte von diesen drei Werten und $\mathfrak{D}$ das größte $\mathfrak{d}$.

Ferner sei M der größte Wert, den eine der Funktionen $|A(\mathfrak{p})|$, $|B(\mathfrak{p})|$, $|C(\mathfrak{p})|$ in $\langle a, b;\ c, d\rangle$ erreicht. Dann wird

$$\left| t' - \iint_{\mathfrak{T}} \sqrt{A^2(\mathfrak{p}) + B^2(\mathfrak{p}) + C^2(\mathfrak{p})}\, d\,u\, d\,v \right| \leqq 3\,\mathfrak{D}\, t\, M,$$[1]

mithin

$$\left| \sum t' - \iint_{\mathfrak{Q}} \sqrt{A^2(\mathfrak{p}) + B^2(\mathfrak{p}) + C^2(\mathfrak{p})}\, d\,u\, d\,v \right| \leqq 3\,\mathfrak{D}\, T\, M.$$

Läßt man Z eine ausgezeichnete Zerlegungsfolge durchlaufen, so wird $\lim \mathfrak{D} = 0$ (vgl. § 18), folglich

$$\lim \sum t' = \iint_{\mathfrak{Q}} \sqrt{A^2(\mathfrak{p}) + B^2(\mathfrak{p}) + C^2(\mathfrak{p})}\, d\,u\, d\,v$$

Diesen Grenzwert definieren wir als den I n h a l t von $\bar{\mathfrak{Q}}$.

Man setzt gewöhnlich

$$\left(\frac{\partial x}{\partial u}\right)^2 + \left(\frac{\partial y}{\partial u}\right)^2 + \left(\frac{\partial z}{\partial u}\right)^2 = E,$$

$$\frac{\partial x}{\partial u}\frac{\partial x}{\partial v} + \frac{\partial y}{\partial u}\frac{\partial y}{\partial v} + \frac{\partial z}{\partial u}\frac{\partial z}{\partial v} = F,$$

$$\left(\frac{\partial x}{\partial v}\right)^2 + \left(\frac{\partial y}{\partial v}\right)^2 + \left(\frac{\partial z}{\partial v}\right)^2 = G.$$

Dann wird

$$A^2(\mathfrak{p}) + B^2(\mathfrak{p}) + C^2(\mathfrak{p}) = E\,G - F^2$$

und der Inhalt $\bar{\mathfrak{Q}}$ gleich

$$\iint_{\mathfrak{Q}} \sqrt{E\,G - F^2}\, d\,u\, d\,v.$$

[1] t ist der Inhalt von $\mathfrak{T}$ und $T = \Sigma t$ der Inhalt von $\mathfrak{Q}$.

Inhalt

Erstes Kapitel. **Das einfache Integral.**

Zweites Kapitel. **Das Doppelintegral.**

Drittes Kapitel. **Bogenlängen und Flächeninhalte.**

Metzger & Wittig, Leipzig.

FSC
www.fsc.org
MIX
Papier | Fördert
gute Waldnutzung
FSC® C083411

Zeitfracht Medien GmbH
Ferdinand-Jühlke-Straße 7
99095 Erfurt, Deutschland
produktsicherheit@kolibri360.de